Die Sammlung
"Aus Natur und Geisteswelt"

nunmehr schon über 600 Bändchen umfassend, sucht seit ihrem Entstehen dem Gedanken zu dienen, der heute in das Wort: "Freie Bahn dem Tüchtigen!" geprägt ist. Sie will die Errungenschaften von Wissenschaft, Kunst und Technik einem jeden zugänglich machen, ihn dabei zugleich unmittelbar im Beruf fördern, den Gesichtskreis erweiternd, die Einsicht in die Bedingungen der Berufsarbeit vertiefend.

Sie bietet wirkliche "Einführungen" in die Hauptwissensgebiete für den Unterricht oder Selbstunterricht des Laien, wie sie den heutigen methodischen Anforderungen entsprechen. So erfüllt sie ein Bedürfnis, dem Skizzen, die den Charakter von "Auszügen" aus großen Lehrbüchern tragen, nie entsprechen können; denn solche setzen vielmehr eine Vertrautheit mit dem Stoffe schon voraus.

Sie bietet aber auch dem Fachmann eine rasche zuverlässige Übersicht über die sich heute von Tag zu Tag weitenden Gebiete des geistigen Lebens in weitestem Umfang und vermag so vor allem auch dem immer stärker werdenden Bedürfnis des Forschers zu dienen, sich auf den Nachbargebieten auf dem laufenden zu erhalten.

In den Dienst dieser Aufgabe haben sich darum auch in dankenswerter Weise von Anfang an die besten Namen gestellt, gern die Gelegenheit benutzend, sich an weiteste Kreise zu wenden, an ihrem Teil bestrebt, der Gefahr der "Spezialisierung" unserer Kultur entgegenzuarbeiten.

So konnte der Sammlung auch der Erfolg nicht fehlen. Mehr als die Hälfte der Bändchen liegen, bei jeder Auflage durchaus neu bearbeitet, bereits in 2. bis 6. Auflage vor, insgesamt hat die Sammlung bis jetzt eine Verbreitung von weit über 4 Millionen Exemplaren gefunden.

Alles in allem sind die schmucken, gehaltvollen Bände besonders geeignet, die Freude am Buche zu wecken und daran zu gewöhnen, einen kleinen Betrag, den man für Erfüllung körperlicher Bedürfnisse nicht anzusehen pflegt, auch für die Befriedigung geistiger anzuwenden. Durch den billigen Preis ermöglichen sie es tatsächlich jedem, auch dem wenig Begüterten, sich eine Bücherei zu schaffen, die das für ihn Wertvollste "Aus Natur und Geisteswelt" vereinigt.

<u>Jedes der meist reich illustrierten Bändchen
ist in sich abgeschlossen und einzeln käuflich</u>

Jedes Bändchen geheftet M. 1.20, gebunden M. 1.50
Hierzu Teuerungszuschläge des Verlages und der Buchhandlungen

Leipzig, im Juli 1918.   **B. G. Teubner**

Jedes Bändchen geheftet M. 1.20, gebunden M. 1.50

Bisher sind **zur Physik und Chemie** erschienen:

Physik: Einführung, Grundlagen und Geschichte.

Die Grundbegriffe der modernen Naturlehre. Einführung in die Physik. Von Hofrat Professor Dr. F. Auerbach. 4. Aufl. Mit 71 Figuren. (Bd. 40.)
Experimentalphysik, Gleichgewicht und Bewegung. Von Geh. Reg.-Rat Professor Dr. R. Börnstein. Mit 90 Abbildungen. (Bd. 371.)
Die Lehre von der Energie. Von Oberlehrer A. Stein. 2. Aufl. Mit 19 Fig. (Bd. 257.)
Einführung in die Relativitätstheorie. Von Dr. W. Bloch. Mit 16 Fig. (Bd. 618.)
Moleküle und Atome. Von Prof. Dr. G. Mie. 4. Auflage. Mit Figuren. (Bd. 58.)
Weltäther und Materie. Von Prof. Dr. G. Mie. 4. Aufl. Mit Figuren. (Bd. 59.)
Naturwissenschaften und Mathematik im klassischen Altertum. Von Professor Dr. Joh. E. Heiberg. Mit 2 Figuren. (Bd. 370.)
Große Physiker. Von Prof. Dr. F. A. Schulze. 2. Aufl. Mit 6 Bildnissen. (Bd. 324.)
Werdegang der modernen Physik. Von Oberlehrer Dr. H. Keller. 2. Aufl. Mit Figuren. (Bd. 343.)
*****Wörterbuch der Physik.** Von Prof. Dr. G. Berndt. (Teubners kleine Fachwörterbücher. Geb. ca. M. 9.–.)

Mechanik.

Mechanik. Von Prof. Dr. G. Hamel. 3 Bände. I. Grundbegriffe der Mechanik. II. Mechanik der festen Körper. III. Mechanik der flüssigen u. luftförmigen Körper. (Bd. 684/86.)
Aufgaben aus der technischen Mechanik. Von Prof. A. Schmitt. 2 Bde. (Bd. 558, 559, auch in 1 Bd. gebunden.)
I. Bewegungslehre. Statik. 156 Aufgaben u. Lösungen. Mit zahlreichen Figuren im Text.
II. Dynamik. 140 Aufgaben und Lösungen. Mit zahlreichen Figuren im Text.
Statik. Mit Einschluß der Festigkeitslehre. Von Baugewerkschuldirektor Reg.-Baumeister A. Schau. Mit 149 Fig. im Text. (Bd. 497.)
Das Perpetuum mobile. Von Dr. Fr. Ichat. Mit 38 Abbildungen. (Bd. 462.)

Optik, angewandte Optik und Strahlungserscheinungen.

Das Licht und die Farben. Einführung in die Optik. Von Professor Dr. L. Graetz. 4. Auflage. Mit 100 Abbildungen. (Bd. 17.)
Sichtbare und unsichtbare Strahlen. Von Geh. Regierungs-Rat Professor Dr. R. Börnstein u. Professor Dr. W. Marckwald. 3. Aufl. von Professor Dr. E. Regener. Mit zahlreichen Abbildungen. (Bd. 64.)
Das Radium und die Radioaktivität. Von Dr. M. Centnerszwer. Mit 33 Abbildungen. (Bd. 405.)
Die optischen Instrumente. (Lupe, Mikroskop, Fernrohr, photographisches Objektiv und ihnen verwandte Instrumente.) Von Prof. Dr. M. v. Rohr. 3. vermehrte u. verb. Auflage. Mit 89 Abbildungen im Text. (Bd. 88.)
Das Auge und die Brille. Von Prof. Dr. M. v. Rohr. 2. Aufl. Mit Abb. (Bd. 372.)
Das Mikroskop. Von Prof. Dr. W. Scheffer. 2. Aufl. Mit 99 Abb. (Bd. 35.)
Spektroskopie. Von Dr. L. Grebe. 2. Aufl. Mit zahlr. Abb. (Bd. 284.)
Kinematographie. Von Dr. G. Mertè. 2. Auflage. Mit Abbildungen. (Bd. 358.)
Die Photographie, ihre wissenschaftlichen Grundlagen und ihre Anwendung. Von Dr. O. Prelinger. 2. Aufl. Mit Abbildungen. (Bd. 414.)
Die künstlerische Photographie. Ihre Entwicklung, ihre Probleme, ihre Bedeutung. Von Dr. W. Warstat. Mit Bilderanhang. 2. Aufl. (Bd. 410.)
*****Angewandte Liebhaber-Photographie, ihre Technik und ihr Arbeitsfeld.** Von Dr. W. Warstat. (Bd. 535.)
Die Röntgenstrahlen und ihre Anwendung. Von Dr. med. G. Buch. Mit 85 Abbildungen im Text und auf 4 Tafeln. (Bd. 556.)

Jedes Bändchen geheftet M. 1.20, gebunden M. 1.50

Wärmelehre.
Die Lehre von der Wärme. Gemeinverständlich dargestellt von Geh. Reg.-Rat Prof. Dr. R. Börnstein. 2., durchgesehene Auflage hrsg. von Prof. Dr. A. Wigand. Mit 33 Abbildungen im Text. (Bd. 172.)
Einführung in die technische Wärmelehre (Thermodynamik). Von Geh. Bergrat Prof. R. Vater. Mit 40 Abb. im Text. (Bd. 516.)
Praktische Thermodynamik. Aufgaben und Beispiele zur mechanischen Wärmelehre. Von Geh. Bergrat Prof. R. Vater. Mit 40 Abb. im Text und 3 Tafeln. (Bd. 596.)
Die Kälte, ihr Wesen, ihre Erzeugung und Verwertung. Von Dr. H. Alt. Mit 45 Abbildungen. (Bd. 311.)

Einführung in die Chemie.
Einführung in die allgemeine Chemie. Von Studienrat Dr. B. Bavink. Mit 24 Figuren. (Bd. 582.)
Einführung in die organische Chemie. Natürliche und künstliche Pflanzen- und Tierstoffe. Von Studienrat Dr. B. Bavink. 2. Aufl. Mit 6 Abb. im Text. (Bd. 197.)
*Einführung in die anorganische Chemie. Von Studienrat Dr. B. Bavink. (Bd. 598.)
*Einführung in die analytische Chemie. Von Dr. H. Rüsberg. 2 Bde. (Bd. 524, 525, auch in 1 Bd. geb.)
Einführung in die Biochemie in elementarer Darstellung. Von Prof. Dr. W. Löb. 2. Aufl. von Prof. Dr. H. Friedenthal. Mit Figuren. (Bd. 352.)
Elektrochemie. Von Prof. Dr. K. Arndt. 2. Aufl. Mit Abb. (Bd. 234.)
Photochemie. Von Prof. Dr. G. Kümmell. 2. Aufl. Mit 29 Abbildungen im Text und auf 1 Tafel. (Bd. 227.)
Luft, Wasser, Licht u. Wärme. Neun Vorträge aus dem Gebiete der Experimentalchemie. Von Geh. Reg.-Rat Prof. Dr. R. Blochmann. 4. Aufl. Mit 115 Abbildungen. (Bd. 5.)
Das Wasser. Von Geh. Regierungsrat Dr. O. Anselmino. Mit 44 Abbild. (Bd. 291.)

Chemische Technologie.
Die künstliche Herstellung von Naturstoffen. Von Prof. Dr. E. Rüst. (Bd. 674.)
Die chemische Technik. Von Dr. A. Müller. Mit 24 Abbildungen. (Bd. 191.)
Die Metalle. Von Prof. Dr. K. Scheid. 3. Auflage. Mit 11 Abbildungen. (Bd. 29.)
Der Luftstickstoff und seine Verwertung. Von Prof. Dr. K. Kaiser. 2. Aufl. Mit 13 Abbildungen. (Bd. 313.)
Agrikulturchemie. Von Dr. P. Krische. Mit 21 Abbildungen. (Bd. 314.)
Die Sprengstoffe, ihre Chemie und Technologie. Von Geh. Reg.-Rat Professor Dr. R. Biedermann. 2. Auflage. Mit 12 Figuren. (Bd. 286.)
Farben und Farbstoffe. Ihre Erzeugung u. Verwendung. Von Dr. A. Zart. Mit 31 Abb. (Bd. 483.)
Bierbrauerei. Von Dr. A. Bau. Mit 47 Abb. (Bd. 333.)
*Wörterbuch zur Warenkunde. Von Dr. M. Pietsch. (Teubners kleine Fachwörterbücher.) Geb. ca. M. 4.-.)

Naturlehre im Hause.
Physik in Küche und Haus. Von Studienrat H. Speitkamp. Mit 51 Abb. (Bd. 478.)
Chemie in Küche und Haus. Von Dr. J. Klein. 4. Aufl. (Bd. 76.)
Desinfektion, Sterilisation, Konservierung. Von Regierungs- und Medizinalrat Dr. O. Solbrig. Mit 20 Abbildungen. (Bd. 401.)
Ernährung und Nahrungsmittel. Von Geh. Rat Prof. Dr. N. Zuntz. 3. Aufl. Mit 6 Abbildungen und 2 Tafeln. (Bd. 19.)
Arzneimittel und Genußmittel. Von Prof. Dr. O. Schmiedeberg. (Bd. 363.)
Die Bakterien im Haushalt der Natur und des Menschen. Von Prof. Dr. E. Gutzeit. 2. Aufl. Mit 13 Abbildungen. (Bd. 242.)
Das moderne Beleuchtungswesen. Von Dr. H. Lux. Mit 54 Abb. (Bd. 433.)
Heizung und Lüftung. Von Ingenieur J. E. Mayer. Mit 40 Abb. (Bd. 241.)

Die mit * bezeichneten und weitere Bände befinden sich in Vorbereitung.

Aus Natur und Geisteswelt
Sammlung wissenschaftlich-gemeinverständlicher Darstellungen

---

372. Bändchen

Das Auge und die Brille

Von

Dr. M. von Rohr

wissenschaftlichem Mitarbeiter in der optischen
Werkstätte von **Carl Zeiß** und a. o. Professor
an der Jenaer Universität

Zweite Auflage

Mit 84 Textabbildungen
und einer Lichtdrucktafel

Springer Fachmedien Wiesbaden GmbH 1918

ISBN 978-3-663-15617-8   ISBN 978-3-663-16191-2 (eBook)
DOI 10.1007/978-3-663-16191-2

Schutzformel für die Vereinigten Staaten von Amerika:
Copyright 1918 by Springer Fachmedien Wiesbaden
Ursprünglich erschienen bei B. G. Teubner in Leipzig 1918.
Softcover reprint of the hardcover 2nd edition 1918

Alle Rechte, einschließlich des Übersetzungsrechts, vorbehalten

Vorwort zur ersten und zweiten Auflage.

In dem vorliegenden Büchlein wurde versucht, das Wichtigste über die Brille zusammenzustellen. Da man bei der modernen Brillenkunde das Hauptgewicht auf das Sehen mit bewegtem Auge, das Blicken, legen muß, so war ein Einleitungsabschnitt über das Auge vorauszuschicken und darin namentlich die Perspektive als die Anschauungsform zu behandeln, in der die räumliche Anordnung der Außenwelt dem Beobachter zugänglich ist. Sie ergab sich aus der Einführung des perspektivischen Strahlenbüschels mit der Spitze im Augendrehpunkt, und man konnte ferner unter Hinzunahme einer — meist ebenen — Schirmfläche leicht die gewöhnlichen perspektivischen Darstellungen erklären.

Bei dem Brillenglase, dem zweiten und hauptsächlichsten Abschnitt, konnten bald die beiden Aufgaben berührt werden, die für die moderne Brillenlehre von Wichtigkeit sind, die Deutlichkeitssteigerung beim Blicken für fehlsichtige Augen und die Änderung der Richtung des Wahrgenommenen. Während beim einzelnen Brillenglase die Deutlichkeitssteigerung von überwiegender Bedeutung ist und durch die verschiedenen Formen der anastigmatischen (achsensymmetrischen), der prismatischen und der astigmatischen Brillen verfolgt wird, namentlich soweit die punktuell abbildenden oder die zweckmäßig durchgebogenen Gläser und Systeme in Betracht kommen, spielt bei der zum Schluß kurz behandelten Brille für beide Augen auch die Richtungsänderung eine wichtige Rolle. Die Beweise für die Aussagen in diesem Abschnitt können in dem auf S. 77 angeführten, umfangreicheren Brillenbuch des Verfassers nachgelesen werden.

Der Schlußabschnitt über die Brillenfassung, dem sich eine Darstellung verschiedener Klemmerformen sowie der wichtigsten Stielbrillen (der Lünette und der Lorgnette) anschließt, hat die geringste Länge. Hier ist für eingehenderen Unterricht auf die Oppenheimersche Schrift Theorie u. Praxis der Augengl., Berlin, Hirschwald 1904 zu verweisen.

Die Anwendung von Formeln und die Einführung geometrischer Vorstellungen ist möglichst eingeschränkt worden, war aber nicht zu umgehen, wenn überhaupt eine wirkliche Einsicht in den Gegenstand angebahnt werden sollte. Die Beigabe einer großen Anzahl meistens neu gezeichneter Abbildungen wird hoffentlich das Verständnis erleichtern.

Sollte durch das Büchlein mit der Kenntnis der Brillenfragen auch die Bewertung der Brille zunächst in den Fachkreisen Deutschlands erhöht werden, so würde sich dem Verfasser ein lebhafter Wunsch erfüllen.

Jena, im August 1918.

Moritz von Rohr.

Inhaltsübersicht.

Seite

I. Das Auge und sein Gebrauch beim Sehen 7

Das Auge als ruhendes optisches System 7. — Die Akkommodationsfähigkeit des Auges 18. — Das Auge im direkten Sehen 21. — Das Auge und die ebene Perspektive 27. — Das Sehen mit beiden Augen 30.

II. Die Brillengläser 32

Die allseitig symmetrischen Brillengläser 32

Die Zusammensetzung beider Systeme, des Brillenglases und des ruhenden Auges fehlerhafter Länge 32 — Der Abstand dünner Brillengläser 33. — Die Fernbrillen 33. — Die Nahbrillen 35. — Die Lupenbrillen 36. — Die Brillengläser endlicher Dicke 36. — Der Scheitelbrechwert 36. — Die Fernrohrbrillen 37.

Das Brillenglas für das blickende Auge 38

Eine Beigabe über zentrisch benutzte optische Systeme mit enger Blende 39. — Die Richtungsänderung der Hauptstrahlen 39. — Die Abbildung längs schiefer Hauptstrahlen 41. — Die Aufgabenstellung für die Brille 45. — Versuche zur Hebung des Astigmatismus schiefer Büschel in einfachen Brillengläsern 46. — Die Bestimmung der Lage des Augendrehpunkts 48. — Die beiden Formen der punktuell abbildenden sphärischen Brillengläser 49. — Die Bildfläche der punktuell abbildenden Brillengläser 53. — Die punktuell abbildenden Nahbrillen 54. — Die punktuell abbildenden Lupenbrillen 55. — Die punktuell abbildenden Vorhängebrillen 56. — Die Änderung der Perspektive bei Brillengläsern mäßiger Dicke 57. — Die Richtungsänderung bei dünnen verzeichnungsfreien Brillengläsern 57. — Die Ausbildung der Trägerschicht bei Zerstreuungslinsen 59. — Die Verzeichnung bei punktuell abbildenden Brillengläsern mäßiger Dicke 60. — Die Gullstrandschen Stargläser mit einer nicht-sphärischen Fläche 61. — Die Natur nicht-sphärischer Flächen 63. — Die Gullstrandschen Fern- und Nahbrillen für Linsenlose 65. — Die Tragrand-(Lentikular)-Gläser 66. — Die farbenfreien Brillengläser 67. — Die Fernrohrbrillen 70. — Die Fernrohrbrillen für Augen mit geringer Fehlsichtigkeit 72. — Die Fernrohrnahbrillen 74. — Die Lupenbrillen aus zwei Bestandteilen von verschiedenartigem Vorzeichen 75. — Die Fernrohrlupen 76. — Die Doppelstärkengläser 76.

Die prismatischen Brillen 79
Die astigmatischen Brillengläser 82
Der Astigmatismus des Auges 82. — Die astigmatischen Brillengläser gewöhnlicher Art 85. — Die astigmatischen Brillengläser zweckmäßiger Durchbiegung 86.
Die Brille zur Unterstützung beider Augen 91

III. Die Brillengestelle 94
Die eigentlichen Brillen 94. — Fassungs= und Glasbrillen 94. — Die Brücke 96. — Die Stangen und die Bügel 97. — Die Klemmer, (Kneifer, Pincenez) 98. — Die Klemmer mit veränderlichem Gläserabstande 98. — Die Fingerklemmer mit festem Gläserabstande 100. — Das Einglas 101. — Die Spring= und die Griffbrille 101.

Register 102

I. Das Auge und sein Gebrauch beim Sehen.

Das zweifellos wichtigste optische Instrument ist das Auge. Hier wird nicht nur die optische Einrichtung des Einzelauges, sondern auch der Vorgang beim Sehen zu schildern sein. Dabei wird es sich namentlich handeln um die Bedeutung der raschen, leichten Beweglichkeit des Einzelauges in seiner Höhle und das Zusammenwirken beider Augen. Bei der Besprechung dieser verschiedenen Punkte werden die Mittel kenntlich werden, durch die ein — optisch gesprochen — ziemlich unvollkommenes Instrument zu so hervorragend genauen Leistungen befähigt wird.

Das Auge als ruhendes optisches System.[1]) (Abb. 1.) Von den in das Auge tretenden Lichtstrahlen wird zuerst die Hornhaut getroffen; sie bildet den vorderen, stärker gewölbten Teil der Sehnenhaut, von der der Augapfel ganz umschlossen ist. Die Hornhaut dient als vorderer Teil der Augenkammer, die mit dem Kammerwasser gefüllt ist. Der hintere Abschluß der Augenkammer wird von der Iris oder Regenbogenhaut gebildet, an die sich die Linse (auch Kristallinse genannt) anlegt, deren Flächen beim normalen Auge (wie bald besprochen werden wird) auch stärker gekrümmt werden können.[2]) An ihre Hinterfläche schließt sich der Glaskörper,

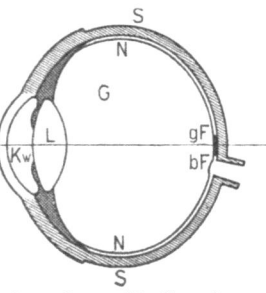

Abb. 1. Das rechte Auge im Horizontalschnitt.
H Hornhaut, SS Sehnenhaut; Kw Kammerwasser, L Linse, G Glaskörper, NN Netzhaut, gF gelber Fleck, bF blinder Fleck.

---

1) Genaueres findet sich in C. Kreibig, Die fünf Sinne des Menschen. 2. Aufl. (AuuG Bd. 27. S. 80—84.)

2) Zu beachten ist, daß die Linse bei Kindern und jungen Leuten unter Zwanzig aus sehr dünnen Schichten besteht, in denen das Brechungsvermögen nach der Linsenmitte zu stetig zunimmt. Bei Personen über zwanzig sondern, wie der Münchener Ophthalmologe C. v. Heß gezeigt hat, zwei Sprungflächen einen Linsenkern von einer Rindenschicht ab; jeder Teil der Rindenschicht hat den Charakter eines auf der Achse sehr dünnen Zerstreuungsmeniskus. Da die Wirkungsweise eines solchen, nicht überall das gleiche Brechungsverhältnis aufweisenden Systems schwer zu übersehen ist, so führt man zur leichteren

eine gallertartige Masse, die den Hauptraum des Auges bis zur Netzhaut ausfüllt. Die Achsenlänge vom Hornhautscheitel bis zur Netzhautgrube ist bei einem normalen Auge mit 24 mm anzusetzen. Die Netzhaut wird von den Verästelungen des Sehnerven (**Stäbchen** und **Zäpfchen**) gebildet, sie ist der lichtempfindliche Teil des Auges und kann einem Pflaster verglichen werden, dessen Steine in der Mitte sehr klein sind, nach dem Rande zu aber größer werden und gelegentlich Lücken zwischen sich lassen. Daher ist die Fähigkeit, Einzelheiten zu unterscheiden, auf den verschiedenen Teilen der Netzhaut sehr verschieden; am größten ist sie auf dem **gelben Fleck**, namentlich in seiner Mitte, der Netzhautgrube, und sie nimmt nach den Randteilen ab. Da, wo der Strang des Sehnerven in die Netzhaut eintritt, ist überhaupt keine Lichtempfindung vorhanden; man bezeichnet daher diese Stelle als **blinden Fleck**.

Es grenzt also das aus Hornhaut, Kammerwasser und Linse gebildete optische System des Auges an zwei verschiedene Mittel, nämlich nach vorn an Luft und nach hinten an den Glaskörper des Auges. Seine beiden Brennweiten[1]) sind infolgedessen nicht gleichlang, und es ist eine kürzere **vordere Brennweite** (gegen Luft) von einer längeren **hinteren** (gegen den Glaskörper) zu unterscheiden.

Ein **rechtsichtiges** oder **emmetropisches** Auge im Ruhezustande sammelt die von fernen Dingpunkten ausgesandten Strahlen auf der Netzhaut; ist der Augapfel zu lang gebaut — bei kurzsichtigen Augen können Achsenlängen bis zu 36 mm vorkommen —, so daß die Strahlen vorher im Glaskörper vereinigt werden, so nennt man das Auge **kurzsichtig (myopisch)**, ist er im entgegengesetzten Falle zu kurz — Werte bis zu 21 mm herab kommen gelegentlich vor —, so daß sich die Strahlen erst hinter der Netzhaut vereinigen würden, so nennt man das Auge **übersichtig (hypermetropisch oder hyperopisch)**. Der Grund dieser Fehlsichtigkeiten (Ametropien) liegt hauptsächlich in einer regelwidrigen Verlängerung der Augenachse bei Kurzsichtigen, in einer

---

Übersicht den Totalindex ein. Er ist so bestimmt, daß eine Augenlinse aus einem solchen einfachen Mittel bei gleichen Außenkrümmungen dem optischen System des ganzen Auges die gleiche Brennweite verleiht. Bei einem Brechungsverhältnis der Hornhaut von 1,376, des Kammerwassers und des Glaskörpers von 1,336 ergibt sich ein Totalindex von 1,4085 für die Linse im Ruhezustande.

1) Eingehender eingeführt wurden die Brennweiten und die Grund- (Haupt- und Brenn-) Punkte eines optischen Systems bei M. v. Rohr, Die optischen Instrumente. 3. Aufl. (AMuG Bd. 88. S. 2—3.)

regelwidrigen Verkürzung der Augenachse bei Übersichtigen (Längenfehler oder Achsenametropien).

Setzt man ein rechtsichtiges Auge im Ruhezustande voraus, so beträgt im Mittel seine vordere Brennweite 17,1, seine hintere 22,8 mm. Wie sogleich gezeigt werden soll, lassen sich mit Hilfe einfacher Rechenverfahren Bildgröße und -lage für dieses an zwei verschiedene Mittel grenzende System ohne besondere Schwierigkeiten ermitteln.

Dabei legt man den Rechnungen ein Übersichtsauge zugrunde, das zwar dem natürlichen gegenüber vereinfacht ist, dessen Ergebnisse aber mit denen übereinstimmen, die ein ideales natürliches Auge liefern würde. Angaben über solche Augen sind namentlich von J. B. Listing und von H. Helmholtz gemacht worden. Hier werden die neuesten Werte zugrunde gelegt, die von dem Upsalaer Gelehrten Allvar Gullstrand angegeben worden sind. Damit nicht nur die Brechkraft des optischen Systems im Übersichtsauge, sondern auch die Lage der Hauptpunkte bei den natürlichen Ausmaßen mit dem idealen natürlichen Auge übereinstimmte, war es notwendig, im Innern der Kristallinse eine äquivalente Kernlinse anzunehmen. Die Scheitelkrümmungen der verschiedenen Flächen sind in Abb. 2 angegeben, und man ersieht, daß die beiden Hauptpunkte nicht sehr weit von dem Hornhautscheitel entfernt sind. Die Abstände sind

für H 1,35 mm und für H' 1,60 mm.

In der Lehre von dem Auge und der Brille hat man sich daran gewöhnt, die Rechnungen, die auf die Lage und die Größe achsennaher Bilder führen, stets auf die Hauptpunkte zu beziehen; der Grund dafür wird später bei der Besprechung der Akkommodation angegeben werden. Der Abstand eines Dingpunkts O von dem vorderen (dingseitigen) Hauptpunkt H wird dabei von dem Hauptpunkt H aus gemessen: H O,

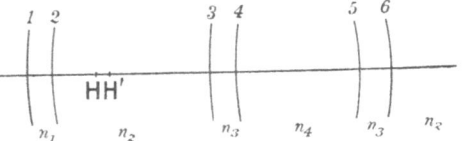

Abb. 2. Scheitelkrümmungen und Hauptpunkte des optischen Systems im Gullstrandschen ruhenden Übersichtsauge in 6, 7 facher Vergrößerung. n_1 Mittel der Hornhaut, n_2 des Kammerwassers und des Glaskörpers, n_3 der Linse, n_4 der äquivalenten Kernlinse.

und er gilt als negativ, wenn er gegen die Lichtrichtung, und als positiv, wenn er im Sinne der Lichtrichtung durchlaufen wird. Da man sich daran gewöhnt hat, die Lichtrichtung von links nach rechts vorschreitend anzunehmen, so ist HO negativ, wenn O links von H liegt, also beim Auge im Falle vor ihm liegender Gegenstände, und HO ist positiv, wenn O rechts von H liegt, also im Falle hinter dem Auge zustande kommender Gegenstände (Abb. 3).

Man führt aber in jene einfachen Rechnungen nicht die Abstände zwischen Dingpunkt O und vorderem Hauptpunkt H und zwischen Bild-

Abb. 3. Zur Beziehung auf die Hauptpunkte.

Beide möglichen Lagen des Gegenstandes zum Augenhauptpunkt H sind dargestellt: links ein vor dem Auge liegender, rechts ein hinter das Auge fallender Dingachsenpunkt.

punkt O' und hinterem Hauptpunkt H' ein, sondern ihre Kehrwerte, die Brechwerte oder Konvergenzen.[1]) Als Einheit dafür gilt der Kehrwert eines Meters, und er wird als Dioptrie (dptr) bezeichnet:

$$1 \text{ dptr} = \frac{1}{1 \text{ m}}.$$

Beispielsweise wird man den Kehrwert der Brennweite des Auges angeben können: $\frac{1}{0{,}01706 \text{ m}} = 58{,}64 \text{ dptr}$,

und man nennt allgemein den Kehrwert der Brennweite f eines Systems seine Brechkraft D: $D = \frac{1}{f}.$

In der Sprechweise eines Augenarztes pflegt man also zu sagen: Die Brechkraft des optischen Systems im Durchschnittsauge ist 58,64 dptr. Es könnte nun auffallen, warum man nicht den Wert der hinteren Brennweite zur Berechnung der Brechkraft verwandt hat, und man hebt diese Schwierigkeit durch die folgende Bestimmung. Kommen bei einem System Abstände in einem dichteren Mittel vor, so führt man sie dadurch auf Luft zurück, daß man sie durch das Brechungsverhältnis des Mittels teilt; Brechwerte werden alsdann mit den Luftlängen gebildet.

Geht man so mit der hinteren Brennweite vor, die für den Glaskörper gilt, so findet man die Luftlänge der Brennweite

$$\frac{22{,}785 \text{ mm}}{1{,}336} = 17{,}06 \text{ mm},$$

---

[1]) Dies Wort ist also hier in einem ganz anderen Sinne gebraucht als in der Lehre vom Sehen mit beiden Augen, wo unter Konvergenzwinkel der Richtungsunterschied der beiden Augenachsen verstanden wird.

und man erkennt, daß die Angabe der Brechkraft des optischen Systems im Auge eindeutig war.

Die oben erwähnten Abstände, den Ding- und den Bildabstand, bezeichnet man meistens mit den kleinen Buchstaben im Abc:

$$a = \mathrm{H}O; \quad b = \mathrm{H}'O',$$

und die zugehörigen Kehrwerte, den Ding- und den Bildbrechwert, mit den entsprechenden großen Buchstaben:

$$A = \frac{1}{a}; \quad B = \frac{1}{b}.$$

Die allgemein für die Luftlängen der Hauptpunktsabstände geltende Grundgleichung
$$\frac{1}{b} = \frac{1}{a} + \frac{1}{f}$$
nimmt für die Luftbrechwerte die Form an

$$B = A + D.$$

Was die Bildgröße anlangt, so soll das achsenſenkrechte Dingflächenſtück α in das achsenſenkrechte Bildflächenstück β abgebildet werden, und zwar besteht dafür das Verhältnis

$$a : b = \alpha : \beta; \quad \frac{\alpha}{a} = \frac{\beta}{b},$$

das sofort umgeschrieben werden kann in

$$\alpha A = \beta B.$$

Wie man aus der Zeichnung Abb. 4 erkennt, kann man für die Hauptpunktswinkel w, w' die folgende Regel aussprechen, da bei den kleinen Winkeln die Winkel mit ihren Tangentenwerten vertauscht werden können:

$$w = \alpha A; \quad w' = \beta B, \quad \text{mithin} \quad w = w';$$

bringt man also die Längen im dichteren Mittel eines beliebigen Systems auf Luft, so ist für ein Dingflächenſtück α der Strahl-Achsen-Winkel w gleich w', dem Strahl-Achsen-Winkel für das entsprechende Bildflächenstück.

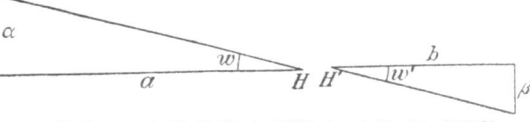

Abb. 4. Die Lage und die Größe des Bildes und die Strahl-Achsen-Winkel w, w' für den Fall auf Luft gebrachter Abstände.

Etwas anders ausgedrückt bedeutet es, daß für die Luftwerte der Strecken die Gaußischen Hauptpunkte mit den Listingschen Knotenpunkten zusammenfallen. Diese Bemerkung wird namentlich dann von Vorteil, wenn das Ding weit entfernt ist, so daß $A = 0$ gilt; dann ist $B = D$, und es ergibt sich $w = \beta D$ oder $\beta = fw$. Die Bildgröße in der hinteren Brennebene ist gleich dem Vielfachen aus der auf Luft bezogenen Brennweite f und der scheinbaren Größe w des fernen Dinges. Es ist das eine Beziehung, die bei der Bestimmung der Bildgröße auf der Netzhaut des unbewaffneten und des brillentragenden Auges benutzt werden wird.

Zu einer Anwendung dieser Grundgleichungen kommt man, sobald die Frage nach der Lage eines Achsenpunkts gestellt wird, der von Augen fehlerhafter Länge im Ruhezustande deutlich gesehen wird; diesen Punkt nennt man den **Fernpunkt R**. Dabei soll vorausgesetzt werden, daß man ihn durch diese Annäherungsformeln ermitteln kann. Es bleibt also hier — wie übrigens in dieser ganzen Schrift — die sphärische Abweichung des optischen Systems im Auge unberücksichtigt.

Liegen nun, wie vorher angegeben, die Achsenlängen zwischen 21 und 36 mm vor, so mag die Rechnung an einem in diese Grenzen fallenden Musterbeispiel durchgeführt werden. Es sei ein Auge angenommen, bei dem die Netzhautgrube O' um 26,38 mm vom hinteren Augenhauptpunkte H' abstände, was unter Berücksichtigung der Entfernung zwischen Hornhautscheitel und hinterem Hauptpunkt einer Achsenlänge von fast genau 28 mm entspricht.

Man bildet zunächst die Luftlänge b und den zugehörigen Brechwert B:

$$b = \frac{0{,}02638 \text{ m}}{1{,}336} = 0{,}01974 \text{ m}$$

$$B = 50{,}64 \text{ dptr.}$$

Die Grundgleichung erhält die Form

$$A = B - D,$$

und es ergibt sich:

$$B = 50{,}64 \text{ dptr}$$
$$-D = -58{,}64 \text{ dptr}$$
$$\overline{A = -8{,}0 \text{ dptr}}$$
$$H O = a = -0{,}125 \text{ m}$$
$$= -125 \text{ mm.}$$

Die Größe A nennt man den **Hauptpunktsbrechwert** (die **axiale Refraktion**) des Auges fehlerhafter Länge, und der ihr entsprechende Abstand a ist, wie es sich nach dem Vorhergehenden von selbst versteht, vom vorderen Augenhauptpunkt H aus gerechnet.

Das Auge als ruhendes optisches System 13

Genau in dieser Weise kann man zu beliebigen anderen Achsenlängen die Hauptpunktsbrechwerte berechnen und erhält die folgende

Zusammenstellung der Abstände l zwischen Netzhautgrube und Hornhautscheitel und der entsprechenden Hauptpunktsbrechwerte A.

A in dptr	l in mm	A in dptr	l in mm	A in dptr	l in mm
10	21,07	0	24,38	— 11	29,64
9	21,36	— 1	24,78	— 12	30,24
8	21,65	— 2	25,19	— 13	30,87
7	21,96	— 3	25,61	— 14	31,53
6	22,27	— 4	26,05	— 15	32,21
5	22,60	— 5	26,51	— 16	32,94
4	22,92	— 6	26,98	— 17	33,69
3	23,27	— 7	27,47	— 18	34,48
2	23,63	— 8	27,98	— 19	35,31
1	24,01	— 9	28,51	— 20	36,18
		— 10	29,07		

Eine noch leichtere Übersicht wird das Übersichtsbild in Abb. 5 geben, das für den Zusammenhang zwischen den Größen l und A entworfen worden ist.

Wenn oben bemerkt wurde, daß im wesentlichen nur die Augen fehlerhafter Länge behandelt werden sollten, so muß hier eine Ausnahme zugunsten gewisser, Krümmungsfehler zeigender gemacht werden. Und zwar sollen die linsenlosen (aphakischen) Augen hier kurz behandelt werden.

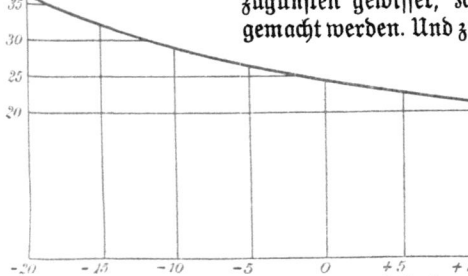

Abb. 5. Der Zusammenhang von Hauptpunktsbrechwert und Länge in fehlsichtigen Augen.

Bei der Linsentrübung, wie sie auf den grauen Star zurückgeht, erhält das Licht wieder Zutritt zur Netzhaut, wenn man die Linse entfernt. Es sei zunächst vorausgesetzt, daß der Eingriff vollkommen gelungen sei. Bei einem solchen Auge tritt die Brechung allein an der Hornhaut ein, und daher kommt es, daß

seine Brechkraft stark verringert ist:
$$D_h = 43{,}1 \text{ dptr},$$
und daß die beiden Hauptpunkte mit großer Annäherung beide im Hornhautscheitel zusammenfallen. Die Brennweiten sind natürlich entsprechend verlängert auf

23,23 mm in Luft und 31,03 mm im Glaskörper,

und ein Durchschnittsauge mit seiner Achsenlänge von etwa 24 mm ist infolge der Linsenentfernung zu einem übersichtigen geworden. Es wird später (S. 61) bei der Besprechung der Brillen auf die Folgen aufmerksam zu machen sein, die sich bei der gewöhnlichen Ausrüstung mit einfachen Sammellinsen ergeben.

In neuerer Zeit, seit dem Jahre 1890, ist man auf den Vorschlag des österreichischen Augenarztes V. Fukala dazu übergegangen, die Linse auch bei hochgradig kurzsichtigen Augen zu entfernen (Myopieoperation). Setzt man das optische System in diesem Auge als richtig gebaut voraus, so gelten nach der Linsenentfernung für Brechkraft und Brennweiten die soeben angegebenen Werte, und man erkennt, daß durch den Eingriff zwar ein Krümmungsfehler eingeführt, ein vorher bestehender Längenfehler aber möglicherweise minder schädlich gemacht werden wird. Auf Grund einfacher Rechnungen wird man annehmen können, daß — ohne Berücksichtigung der sphärischen Abweichung — ein kurzsichtiges Auge von $-13\frac{1}{4}$ dptr Hauptpunktsbrechwert nach dem Eingriff den fernen Achsenpunkt deutlich sehen wird. Augen mit etwas größerem oder geringerem Längenfehler würden, wie man ebenfalls durch einfache Rechnungen einsieht, mit ganz schwachen Brillengläsern auskommen. Genaueres wird hierüber später mitgeteilt werden.

Dieser Eingriff wird auch heute noch vorgenommen, doch lassen sich auch nicht ganz selten Stimmen von Augenärzten vernehmen, wonach er immerhin nicht ungefährlich sei, und daß man ihn, wenn überhaupt, nur an einem Auge wagen sollte. Es ist hier nicht der Ort, auf diesen Streit näher einzugehen, dagegen soll später von einem optischen Hilfsmittel gesprochen werden, das manche Vorteile dieses Eingriffs nicht allein bietet, sondern sogar zu steigern gestattet (S. 70) und nebenbei von den Gefahren frei ist, die nun doch einmal mit jedem blutigen Vorgehen verbunden sind.

Ein gesundes Auge ist im allgemeinen als ein zentriertes System

Das Auge als ruhendes optisches System

anzusehen, da die Abweichungen von diesem Zustande bei rechtsichtigen Augen so gering sind, daß sie hier nicht behandelt zu werden brauchen; die Augenachse geht durch den Linsenscheitel, steht senkrecht auf der Mitte der Iris und durchstößt die Netzhautgrube. Eine Strahlenvereinigung im strengen Sinne (Aufhebung der sphärischen Abweichungen) findet nicht einmal für die von Achsenpunkten ausgehenden Büschel statt, sondern es bilden sich auf der Netzhaut Abweichungsfiguren. Von besonderer Bedeutung sind diese namentlich bei der Betrachtung heller Punkte auf dunklem Untergrunde. Es ergibt sich dabei infolge der nicht spannungsfreien Aufhängung der Linse am Ziliarkörper eine vier- oder achtstrahlige Sternfigur, deren physikalische Erklärung von A. Gullstrand gegeben werden konnte. Daß die Abweichungsfiguren die Sehschärfe nicht mehr stören, liegt einmal daran, daß sich die Iris bei heller Beleuchtung zusammenzieht und dadurch mit der Öffnung des optischen Systems auch die Größe dieser Figuren verringert; anderseits aber ist die Lichtverteilung in der Abweichungsfigur durchaus nicht gleichmäßig, und der hellste, für die Gesichtswahrnehmung wichtigste Teil hat nur eine kleine Ausdehnung. Die Fehler der schiefen Büschel aber sind darum nicht so auffällig, weil, wie bereits erwähnt, die Empfindlichkeit der Netzhaut nach außen hin rasch abnimmt. Auch Farbenfreiheit ist in dem optischen System des Auges nicht vorhanden, es zeigt Farbenfehler gleicher Art wie eine einfache Sammellinse. Daß diese Farben nicht sehr auffallen, liegt daran, daß das Menschenauge nur für einen verhältnismäßig schmalen Farbenbezirk, die gelben und grünen Strahlen, sehr empfindlich ist. Die von den roten und blauen Strahlen herrührenden Farbenkreise werden in der Regel nicht beachtet.

Die Strahlenbegrenzung wird von der Iris bewirkt, die durch den Schließmuskel so geöffnet und zusammengezogen werden kann, daß ihre Öffnung stets kreisrund und zur Augenachse zentrisch bleibt. Diese Änderung der Öffnung hat hauptsächlich den Zweck, die Lichtzufuhr auszugleichen. Bei großer Helligkeit zieht sich die Öffnung bis auf einen Durchmesser von etwa 2 mm zusammen, bei Dunkelheit dehnt sie sich so weit aus, daß der Durchmesser 6 mm und mehr beträgt. Später wird noch ein anderer Grund für die Änderung des Irisdurchmessers angegeben werden, der jetzt noch nicht besprochen werden kann, weil hier das Auge als ein in sich unveränderlicher optischer Apparat betrachtet wird.

Außer der Irisöffnung ist beim Auge keine Blende vorhanden, die das Bild der Irisöffnung, die Augenpupille, in ihrer Wirksamkeit stören könnte. Das Gesichtsfeld des Auges ist sehr groß; nach außen hin ist es nur durch den Wangen= und Nasenrand beschränkt. Im Augeninnern reicht die Lichtempfindlichkeit der Netzhaut sehr weit: selbst senkrecht zur Augenachse eintretende Strahlen rufen noch einen Lichtreiz hervor. Wie schon einmal hervorgehoben wurde, ist aber die Genauigkeit, mit der Reize zum Bewußtsein kommen und auf die Außenwelt bezogen werden, sehr gering, sobald man sich nur etwas von dem gelben Flecke nach den Seiten ent= fernt.

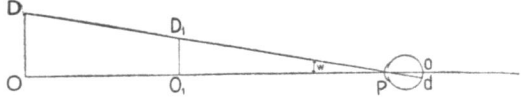

Abb. 6. Zum Sehen mit ruhendem Auge.
w Hauptstrahlneigung oder Gesichtswinkel, od der dem Gesichts= winkel w entsprechende Bogen auf der Netzhaut.

Jeder Haupt= strahlneigung[1]) w auf der Dingseite entspricht (Abb. 6) optisch ein gewisser Abstand od des Bildpunkts d von dem Achsenpunkt o der Netzhaut, und bei der Reizung einer solchen Stelle d, die ja nicht wahrgenommen wird, sondern die die Empfindung vermittelt, wird der Reiz in der Richtung des von außen in das Auge eintretenden Hauptstrahls gesucht. Das hier unbewegt und in sich ungeändert vorausgesetzte Auge kann einzig Richtungen wahrnehmen, die von der Mitte P der Augenpupille ausgehen, also Winkelgrößen. Zwei Gegenstände OD und $O_1 D_1$, die von der Mitte der Augenpupille aus mit der Augenachse die gleichen Winkel w bilden, erscheinen gleich groß; sie haben, wie man sich ausdrückt, die gleiche scheinbare Größe. Ge= messen wird diese durch die trigonometrische Tangente des Gesichts= winkels w oder durch den Bruch

$$\text{Scheinbare Größe} = \frac{\text{Höhe}}{\text{Entfernung zwischen Gegenstand und Pupille}}.$$

Läßt man bei gleicher Entfernung die Höhe des betrachteten Gegen= standes mehr und mehr abnehmen, oder entfernt man sich von einem bestimmt angenommenen Gegenstande mehr und mehr, so kommt man schließlich dahin, daß man an dem Gegenstande keine Höhenausdehnung mehr wahrnimmt; er erscheint dann von unbestimmter Gestalt, punkt= förmig. Wurde er etwa durch zwei Punkte gebildet, so lassen sich diese nicht mehr trennen, sie erscheinen wie ein einziger. Den so bestimmten

---

[1]) Man versteht allgemein in optischen Schriften unter Hauptstrahlen die durch die Blendenmitte tretenden schiefen Strahlen. Sie sind die Schwer= linien der durch die Blende begrenzten schiefen Büschel und werden auch als Büschelachsen bezeichnet.

Das Auge als ruhendes optisches System 17

Winkel w bezeichnet man als Winkelmaß der Sehschärfe, und man nimmt als seinen Mittelwert eine Bogenminute an. Der oben angegebene Bruch hat dann einen Wert von

$$\operatorname{tg} 1' = \frac{\text{Höhe}}{\text{Entfernung}} = \frac{1}{3438}.$$

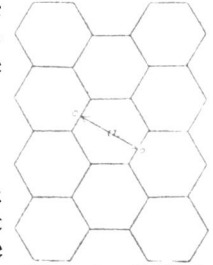

Abb. 7. Zur Sehschärfe des Menschenauges; a der mittlere Abstand zweier Zäpfchenenden.

Das bedeutet: an Gegenständen, die aus dem 3438-fachen ihres größten Durchmessers betrachtet werden, kann ein Auge von normaler Schärfe keine Einzelheiten der Form mehr wahrnehmen, vorausgesetzt, daß sie nicht besonders günstig beleuchtet sind. Für ein Markstück mit 24 mm Durchmesser würde diese Entfernung 82,5 m betragen. Man könnte hier eben nur das Vorhandensein eines dunklen Flecks feststellen, ohne sagen zu können, ob er rund oder eckig sei. Bei geringerer Entfernung, 50—60 m, müßte eine Aussage darüber möglich sein. Es mag darauf hingewiesen werden, daß diese Erkenntnis unter denen zur Leistungsfähigkeit des Auges wohl am frühesten gefunden wurde; sie wurde schon von dem griechischen Mathematiker Euklid (um 300 v. Chr.) in sein optisches Lehrbuch aufgenommen. Diesem Winkelmaße der Sehschärfe entspricht nach Abb. 7 auf der Netzhautgrube als Ursache der mittlere Abstand a zweier Empfindungseinheiten oder der Durchschnittsdurchmesser einer Empfindungseinheit (Zäpfchenendes), der sich nach den obigen Angaben über die Brennweite des Auges und über den Winkelwert der Sehschärfe zu 0,00496 mm[1]) berechnet, was durch den anatomischen Befund bestätigt wird.

Der Leipziger Physiologe E. Hering hat aber darauf aufmerksam gemacht, daß bei der Annahme einer maschenartigen Anordnung der Zäpfchenenden, wie sie später von L. Heine nachgewiesen wurde, Verschiebungen gerader Linien gegeneinander noch wahrgenommen werden können, die weit unter die Grenze der mittleren Sehschärfe heruntergehen. Aus der umstehenden Abb. 8 wird es klar, daß bei einer solchen Anordnung auch dann entschieden werden kann, ob die eine Linie die Fortsetzung der anderen bildet, wenn der Abstand der beiden gereizten

---

1) Führt man mit J. B. Listing als kleine Einheit

$$\mu = 0,001 \text{ mm}$$

ein, so kann man diesen Durchschnittsdurchmesser auch mit 4,96 μ angeben.

18   I. Das Auge und sein Gebrauch beim Sehen

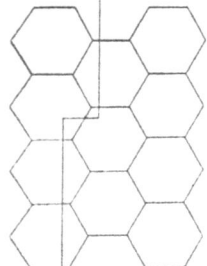

Abb. 8. Zur Schärfe der Breitenwahrnehmung.

Zäpfchenreihen den Wert von 4,96 μ noch nicht erreicht. Die Feststellung solcher Verschiebung ist bei einer an feineren Meßinstrumenten häufig vorkommenden Vorrichtung, dem Nonius oder Vernier, von großer Bedeutung, und verschiedene Beobachter haben solche Breitenverschiebungen noch sicher feststellen können, bei denen sich eine scheinbare Größe von nur 10 Bogensekunden ergab. Als mittlere Schärfe der Breitenwahrnehmung sei ein Betrag von einer halben Bogenminute angenommen.

Die soeben besprochenen Eigenschaften des Auges als eines unbewegten, in sich unveränderlichen Systems würden fast alle auch einem aus seiner Höhle entfernten Totenauge zukommen. Daß bei einem solchen die Pupillenöffnung nicht der Helligkeit entsprechend verändert werden kann, stört die Gültigkeit der vorhergegangenen Überlegungen nicht, weil bei dieser Änderung der Ort der Pupille ungeändert blieb. Von den unterscheidenden Merkmalen des lebenden Auges sei zunächst behandelt:

Die Akkommodationsfähigkeit des Auges. Das noch nicht gealterte Auge ist fähig, die beiden Linsenflächen stärker zu krümmen und dadurch die Brennweite des optischen Systems in gewissen Grenzen zu verändern. Nach den Messungsergebnissen nehmen bei dieser Änderung die Werte für die Brennweiten ab von 17,1 und 22,8 mm auf 14,2 und 18,9 mm. Der Mensch ist dadurch in den Stand gesetzt, Gegenstände in sehr verschiedener Entfernung zwar nicht gleichzeitig, aber doch schnell hintereinander deutlich zu sehen. Diese Fähigkeit nennt man die Akkommodationsfähigkeit (etwa Anpassungsvermögen). Nennt man den entferntesten Punkt, der im Ruhezustande des Auges oder bei entspannter Akkommodation deutlich gesehen werden kann, den Fernpunkt R (S. 12), und den nächsten den Nahepunkt P, so liegt bei dem rechtsichtigen Auge[1]) der Fernpunkt im Unendlichen, der

---

1) Beim kurzsichtigen Auge sind beide Punkte reell und liegen in einer gegen die Lichtrichtung zu messenden, also negativen Entfernung vom Auge im Endlichen, beim übersichtigen Auge kann es vorkommen, daß überhaupt kein reeller Punkt auf der Netzhaut deutlich abgebildet werden kann. Dann können nur solche Punkte, die von schwachen Sammellinsen hinter dem Kopfe entworfen werden würden, sich auf der Netzhaut deutlich abbilden; in diesem Falle sind Fern- und Nahepunkt virtuell, oder sie liegen in einer mit der

Die Akkommodationsfähigkeit des Auges

Nahepunkt aber vor dem Hornhautscheitel in einer endlichen Entfernung, die mit dem Alter wächst; von 10 cm bei Zwanzig- bis auf 22 cm bei Vierzigjährigen. Den Abstand zwischen Fern- und Nahepunkt nennt man das **Akkommodationsgebiet**, und den in Dioptrien ausgedrückten Unterschied der zugehörigen Kehrwerte die **Akkommodationsbreite**.

Mit zunehmendem Alter nimmt das Akkommodationsvermögen noch weiter ab, und der Nahepunkt entfernt sich immer weiter vom Auge, ja bei ursprünglich rechtsichtigen Personen über fünfzig bleibt auch der Fernpunkt nicht mehr im Unendlichen liegen, sondern erhält einen positiven Abstand vom Auge; mit anderen Worten, es können ferne Gegenstände von solchen Augen nur dann ohne Akkommodationsanstrengung deutlich wahrgenommen werden, wenn sie durch ein sammelndes Brillenglas hinter dem Kopfe in eben jenem positiven Abstande vom Auge abgebildet werden. Genaueres ersieht man aus der von F. C. Donders stammenden (in dieser Form 1876 veröffentlichten) Tabelle.

Den soeben beschriebenen Zustand nennt man **Alterssichtigkeit (Presbyopie)**, und er ist dadurch besonders störend, daß nahe Gegenstände mit unbewaffnetem Auge nicht mehr deutlich wahrgenommen werden können.

Beim Akkommodationsvorgange krümmen sich beide Linsenflächen stärker, und es nimmt die Dicke der Augenlinse zu, indem sich die sie bildenden Schichten (S. 7) anders lagern. Die Brechkraft der Augenlinse wird nicht nur darum größer,

Die Änderung der Akkommodation mit zunehmendem Alter.

Lebensalter in Jahren	Abstand des Nahepunkts in cm	Abstand des Fernpunkts in cm	Akkommodationsbreite in Dioptrien
10	— 7,1	∞	14
15	— 8,3	∞	12
20	— 10	∞	10
25	— 11,8	∞	8,5
30	— 14,3	∞	7
35	— 18,2	∞	5,5
40	— 22,2	∞	4,5
45	— 28,6	∞	3,5
50	— 40	∞	2,5
55	— 66,6	400	1,75
60	— 200	200	1
65	400	133	0,5
70	100	80	0,25
75	57,1	57,1	0
80	40	40	0

Lichtrichtung, also positiv, zu messenden Entfernung vom Auge im Endlichen. Das gilt von dem Fernpunkt des übersichtigen Auges immer.

weil die Außenkrümmungen zunehmen, sondern auch, weil der Totalindex (S. 8) einen merklich höheren Wert erhält als bei entspannter Akkommodation. Bei äußerster Akkommodation ergibt er sich zu 1,4263. Der große Betrag der Brechkraftzunahme durch Akkommodation, der es beispielsweise einem Zwanzigjährigen gestattet, Gegenstände scharf zu sehen, die sich zwischen den Grenzen von 10 cm und Unendlich befinden,

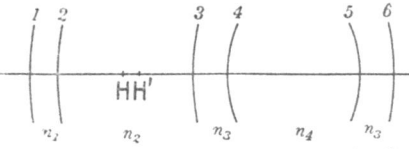

Abb. 9. Scheitelkrümmungen und Hauptpunkte des optischen Systems im Gullstrandschen akkommodierenden Übersichtsauge.
Die Mittel sind ebenso bezeichnet wie in Abb. 2 auf S. 9.

läßt sich bei einer so mäßigen Formänderung nur durch den geschichteten Bau erreichen, dessen Zweckmäßigkeit erst durch die Gullstrandschen Forschungen aufgedeckt worden ist.

Das nunmehr wirksame optische System ist in Abb. 9 dargestellt, und man sieht bei einer Vergleichung mit Abb. 2, daß verschiedene Änderungen eingetreten sind. Die Brennweiten betragen nunmehr, wie bereits erwähnt,

14,17 mm in Luft und 18,93 mm im Glaskörper,

mithin ergibt sich $D_{akk} = 70{,}57$ dptr.

Ferner haben sich auch die Hauptpunkte verschoben, und zwar beide nach dem Augeninnern um etwa 0,45 mm. Genauer sind die Abstände vom Hornhautscheitel für H 1,77 mm und für H' 2,09 mm. Daß diese Verschiebung auch bei der äußersten Akkommodationsleistung, deren das Auge eines Zwanzigjährigen fähig ist, so gering ausfällt, ist ein großer Vorteil, denn für die meisten physiologischen Messungen liegt der Betrag von $1/2$ mm innerhalb der Fehlergrenze. Man kann daher in der Regel die akkommodative Verlagerung der Hauptpunkte unberücksichtigt lassen und sich etwa stets auf ihre Anordnung bei entspannter Akkommodation beziehen. Diese für alle Fälle der Praxis bestehende Unveränderlichkeit der Augenhauptpunkte ist der Grund dafür, daß man bei der Berechnung der Bildlage und -größe für das Auge von den Hauptpunkten ausgeht (S. 9) und nicht etwa von den Brennpunkten, was an sich auch möglich wäre.

Beim Akkommodationsvorgange wird die Iris nach vorn geschoben. Außerdem tritt noch bei ungeänderter Helligkeit eine zuerst von dem Jesuiten Chr. Scheiner 1619 beobachtete Änderung des Irisdurchmessers ein, er verengt sich bei der Akkommodation auf nähere Gegenstände und erweitert sich bei der Einstellung auf fernere.

Läßt man nun diese sehr kleine Verschiebung der Iris bei der Akkommodation außer acht und nimmt ferner der Einfachheit wegen an, daß die Pupillenmitte bei jedem Akkommodationszustande mit dem vorderen Hauptpunkte zusammenfalle, so läßt sich zeigen, daß auch bei der Annahme eines akkommodationsfähigen Auges die Bildgröße auf der Netzhaut dem dingseitigen Neigungswinkel w des Hauptstrahls entspricht. Die scheinbare Größe eines Dinges wird also unter diesen Voraussetzungen durch den Vorgang der Akkommodation nicht geändert, weil sich die Richtung der die Gesichtswinkel bestimmenden Hauptstrahlen nicht merkbar ändert.

Es könnte nun weiterhin scheinen, als ob das akkommodationsfähige Einzelauge außer dieser Richtung des Hauptstrahls noch die Entfernung des Gegenstandes, und zwar diese aus der Akkommodationsanstrengung, beurteilen könne. Das gilt aber nur für sehr nahe Gegenstände. Offenbar ist das Winkelmaß der Sehschärfe auch für die Genauigkeit der Akkommodation entscheidend: solange die bei unrichtiger Akkommodation auftretenden Zerstreuungskreise kleiner sind als der 3438. Teil der Entfernung zwischen Augenpupille und eingestelltem Gegenstand, so lange können sie überhaupt nicht wahrgenommen werden, und es wird kein Grund zu einer Akkommodationsänderung vorliegen. Es versteht sich von selbst, daß die Akkommodationsfähigkeit, die auf die Veränderung der Linsenform zurückzuführen ist, mit Entfernung der Linse verschwindet, so daß Linsenlose nicht mehr akkommodieren können.

Das Auge im direkten Sehen. Eine weit tiefer einschneidende Abweichung von der im Anfang festgehaltenen Annahme eines ruhenden Auges bietet sich aber dar, wenn die beim natürlichen Gebrauche des Auges stets auftretende Beweglichkeit des Auges in seiner Höhle berücksichtigt werden soll.

Wenn die Aufmerksamkeit des Beobachters auf einen bestimmten Punkt gerichtet wird, so bewegt er seinen Augapfel so, daß das Bild dieses Punkts auf die Netzhautgrube fällt. Von dieser Gewohnheit kann man sich beim gewöhnlichen Gebrauche des Auges überhaupt nicht freimachen, und es bedarf dazu schon einer gewissen Übung in der Anstellung physiologischer Versuche. Diese Gewohnheit erklärt es auch, warum dem unbefangenen Beobachter die schlechte Bildbeschaffenheit der Außenteile der Netzhaut, das Vorhandensein eines blinden Fleckes u. a. m. entgeht, er benutzt die Lichtempfindlichkeit der Randteile der Netzhaut hauptsächlich nur dazu, einen gewissen Anhalt für seine Augenbewegungen zu haben und danach seine Augen schnell auf den Punkt zu richten, der seine Aufmerksamkeit fesselt. Die Bewegung des Augapfels geschieht durch sechs verschiedene Augenmuskeln, die so wirken, daß der Augapfel in seiner Höhle wie in einem Kugelgelenke gedreht wird. Der Mittelpunkt dieser Bewegung, der Augendrehpunkt, liegt etwa 13 mm hinter dem Hornhautscheitel, oder etwa 10,5 mm hinter der Pupille. Handelt es sich, wie im folgenden immer, um ein Gesichtsfeld von größerer Winkelausdehnung, so bezeichnet man diesen Sehvorgang, bei dem das Auge nach den verschiedenen aufmerksam betrachteten (fixierten) Punkten gerichtet wird, als direktes Sehen oder Blicken und stellt es dem früher besprochenen Sehen mit ruhendem Auge gegenüber, was nach S. 16 für dieses größere Gesichtsfeld allein ein indirektes Sehen sein kann. Denn das ruhende Auge kann nur einen einzigen Punkt, etwa in der Mitte des Feldes, fixieren und muß das ausgedehnte Gesichtsfeld notgedrungen im indirekten Sehen betrachten. Es wird also im folgenden (unter stillschweigender Voraussetzung eines Feldes von beträchtlicher Winkelausdehnung) indirektes Sehen als gleichbedeutend gelten mit dem Sehen mit ruhendem Auge, und direktes Sehen oder Blicken mit dem Sehen mit bewegtem Auge.

An dieser Bewegung des Auges um seinen Drehpunkt nehmen natürlich auch die beiden ausgezeichneten Achsenpunkte teil, von denen im vorhergehenden (S. 18) die Rede war, der Nahepunkt und der Fernpunkt. Sie bewegen sich auf Kugelschalen, deren Halbmesser durch ihren Abstand vom Drehungszentrum Z gegeben ist. Bei einem rechtsichtigen Auge, dessen Fernpunkt auf der Achse im Unendlichen liegt, wird — wie Abb. 10 zeigt — die Fernpunktskugel zur unendlichfernen Ebene, die Nahepunktskugel ist natürlich reell und liegt im Endlichen vor dem Auge. Der so begrenzte Schärfenraum wird durch konzentrische Schärfenflächen gebildet, die je einem Akkommodationszustande entsprechen. Bei einem kurzsichtigen Auge sind beide Grenzflächen des Schärfenraums, die Fern= ebenso wie die Nahepunkts= kugel, reell und liegen im Endlichen vor dem Auge; bei einem Übersichtigen liegt die Fernpunktskugel sicher virtuell im Endlichen hinter dem Auge, dagegen kann man über die Lage der Nahepunktskugel keine Aussagen machen. Je nach der vorhandenen Breite der Akkommodation

Das Auge im direkten Sehen 23

(also nach dem Alter des Übersichtigen) kann die Nahepunktskugel reell im Endlichen vor dem Auge, in der unendlichfernen Ebene oder virtuell im Endlichen hinter dem Auge liegen.

Sind auf diese Weise die Schärfenverhältnisse besprochen, die für den ganzen Sehraum aus der Bewegung des Auges um seinen Drehpunkt folgen, so sollen auch noch einige Worte den Blickrichtungen gewidmet werden, von denen die Perspektive des körperlichen Gegenstandes abhängt. Man muß sich entschieden darüber klarwerden, daß diese Blickrichtungen von der Deutlichkeit der Wahrnehmung ganz unabhängig sind. Am gleichen Ort macht das fehlsichtige Auge vor dem fernen Gegenstand genau die gleichen Bewegungen wie das rechtsichtige, obwohl es die Einzel-

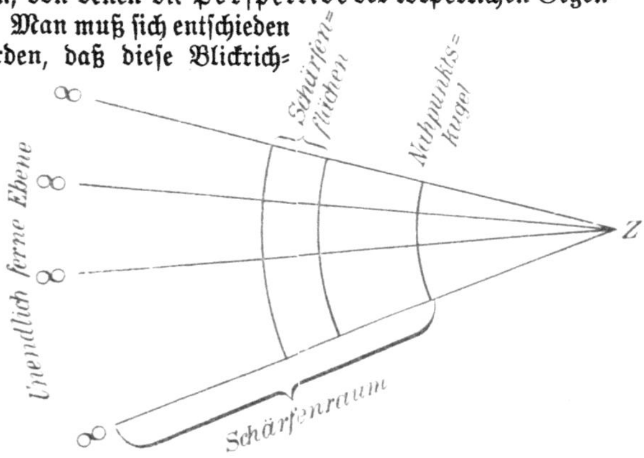

Abb. 10. Der Schärfenraum und die Schärfenflächen bei einem rechtsichtigen Auge.

heiten nicht scharf, sondern nur in Zerstreuungskreisen wahrnimmt. Deshalb wird auch späterhin die Deutlichkeit der Wahrnehmung durch Brillengläser ganz getrennt von der durch sie verursachten Änderung der Blickrichtungen zu behandeln sein.

Die Verbindungslinie eines bestimmten Punkts mit dem Augendrehpunkt heißt die Blicklinie, und es soll hier angenommen werden, daß sie mit der Augenachse zusammenfällt, wenn dieser Punkt fixiert wird. Auf Grund dieser Annahme, die mit einer für den Zweck dieser Darstellung genügenden Annäherung gültig ist, ist allen bei ruhiger Kopfhaltung möglichen Blicklinien ein Punkt gemeinsam, der Drehpunkt des Auges. Dieser Punkt dient somit für das direkte Sehen als perspektivisches Zentrum.

Jedem Punkte eines körperlichen Gegenstandes, der von Z aus sichtbar ist, entspricht mithin eine bestimmte Blicklinie, also allen Punkten

24 I. Das Auge und sein Gebrauch beim Sehen

der Dingoberfläche ein bestimmtes perspektivisches Strahlen=
büschel mit der Spitze in Z. Man erkennt leicht, daß nur Punkte, die
für Z nach Breite und Höhe unterschieden sind oder verschiedene
Seitenabstände haben, neue Blickrichtungen bestimmen, während von
zwei Dingpunkten, die in derselben Blickrichtung liegen, also nur ver=
schiedene Tiefenabstände haben, der nähere den ferneren verdeckt. Das
perspektivische Büschel ist also nach den beiden Seitenrichtungen, nach oben
und unten, sowie nach rechts und links
ausgedehnt. Wenn man es durch eine per=
spektivische Ebene schneidet (Abb. 11), so
entspricht jeder Blicklinie ein Durch=
stoßungspunkt auf dieser Ebene, und alle
diese Durchstoßungs=
punkte bilden zusam=
men die ebene Per=

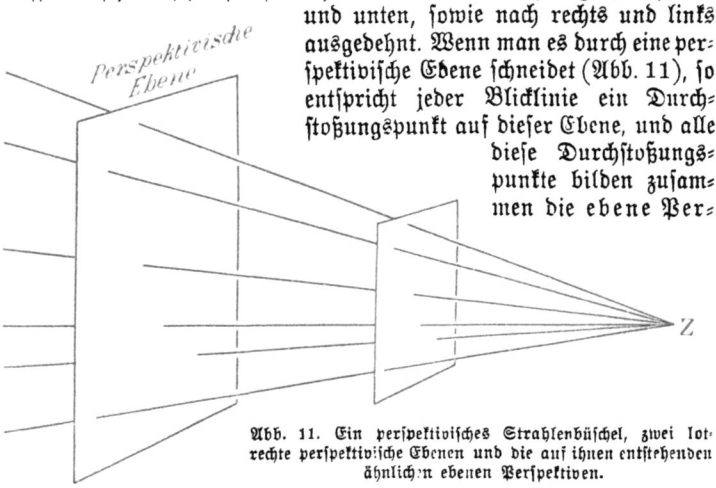

Abb. 11. Ein perspektivisches Strahlenbüschel, zwei lot=
rechte perspektivische Ebenen und die auf ihnen entstehenden
ähnlichen ebenen Perspektiven.

spektive des vorliegenden Körpers. Nach ihrer Entstehung deckt sich also
die ebene Perspektive von Z aus Punkt für Punkt mit der Oberfläche des
körperlichen Gegenstandes. In der Praxis nimmt man die perspektivi=
schen Ebenen senkrecht zu einer bestimmten, in der Regel wagrechten
Hauptblicklinie an, dann sind je nach ihrem Abstande von Z zwar ver=
schiedene perspektivische Ebenen möglich, aber alle die auf ihnen ent=
stehenden ebenen Perspektiven sind einander streng ähnlich. Jede einzelne
von ihnen ruft, vom richtigen Augenort Z aus betrachtet, das ursprüng=
liche perspektivische Strahlenbüschel hervor, kann also das Ding hinsicht=
lich der Richtung vertreten, unter der ein jeder seiner einzelnen Punkte
erscheint. Der Abstand ist natürlich für jede ebene Perspektive vor=
geschrieben und im allgemeinen von dem Dingabstand verschieden, aber
es war ja schon auf S. 21 darauf hingewiesen worden, daß die Be=

urteilung der Dingentfernung aus der Akkommodationsanstrengung sehr unsicher ist.

Diese theoretischen Überlegungen erfahren eine leicht verständliche Anwendung in dem Übersichtsbild der Abb. 12 auf die Entstehung einer ebenen Perspektive durch Künstlerhand. Diese Darstellung geht auf Leonardo da Vinci zurück, und zwar sind auf der Zeichentafel schon eine Reihe von Durchstoßungspunkten der Blickrichtungen angegeben worden. Man erkennt hier ohne weiteres die Bedeutung der scheinbaren Größe (S. 16), da der große Turm dem Zeichner von seinem Standpunkte aus kleiner erscheint als die Fensteröffnung.

Handelt es sich hier um die Perspektive des direkten Sehens, so kann man darauf hinweisen, daß für die kleinen Gebiete, die im indirekten Sehen deutlich wahrgenommen werden, grundsätzlich die gleichen Überlegungen für die Perspektive körperlicher Gegenstände gelten. Nur ist für diese Perspektiven das Zentrum die Mitte der Augenpupille. Während also, soweit deutliche Gesichtswahrnehmungen in Frage kommen, für den kleinen Gesichtswinkel, der dem gelben Flecke entspricht, die Perspektive des indirekten Sehens gilt, wie sie durch die Augenpupille bestimmt wird, ist für das im allgemeinen zweifellos wichtige redirekte Sehen das perspektivische Zentrum der etwa 10,5 mm hinter der Augenpupille gelegene Augendrehpunkt. Die Erkenntnis und die Darstellung dieser Sachlage wurde 1604 von J. Kepler begonnen und 1619 durch den Jesuiten Thr. Scheiner vollendet. Die so entwickelte Lehre ging aber der Wissenschaft verloren und wurde erst wieder 1826 von J. Müller und 1836 von A. W. Volkmann ohne Kenntnis ihrer Vorgänger neu aufgenommen und nunmehr zu einem bleibenden Besitz der Wissenschaft.

Man kommt also nach Abb. 13 zu der Einsicht, daß für unsere Gesichtswahrnehmung eines körperlichen Gegenstandes von beträchtlicher scheinbarer Größe in jedem Augenblick zwei perspektivische Zentren maßgebend sind, ein wichtiges, ruhendes für die unsere Aufmerksamkeit erregenden fixierten Punkte — der Augendrehpunkt — und ein unwichtigeres, wanderndes — die bewegte Augenpupille —, demzufolge die nicht genauer beachteten Teile in der Umgebung der fixierten Punkte sich auf der Netzhaut darstellen. Diese Füllperspektiven überdecken sich an ihren Rändern gegenseitig, ohne indessen für die Gesichtswahrnehmungen größeren Schaden anzurichten, weil eben alle wichtigeren Punkte durch die Blicklinien bestimmt sind. Daß diese ziemlich verwickelten Verhältnisse bei der Betrachtung räumlicher Gegenstände nicht

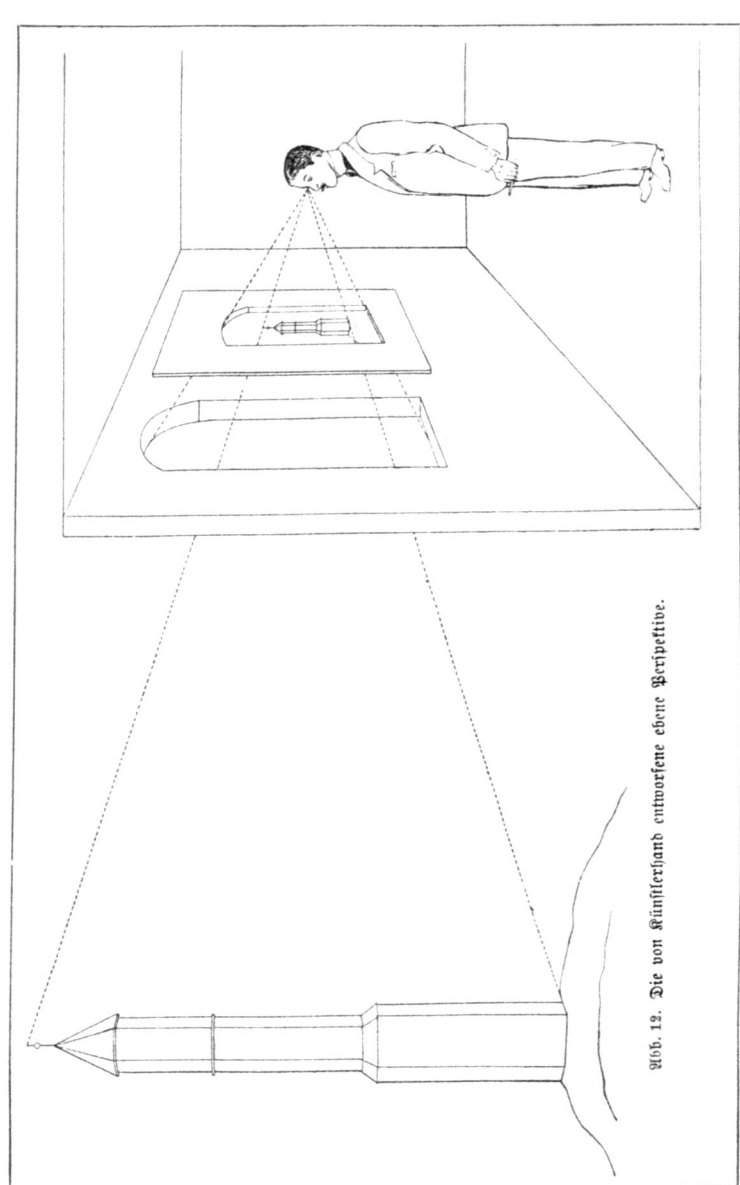

Abb. 12. Die von Künstlerhand entworfene ebene Perspektive.

Das Auge im direkten Sehen 27

mehr auffallen, liegt an verschiedenen Ursachen; hauptsächlich fehlt wohl die Übung im indirekten Sehen, doch kommt auch hinzu, daß für etwas weiter entfernte Gegenstände der Abstand von einem Zentimeter, um den Pupille und Drehpunkt von einander getrennt sind, nicht genügt, um die Folgen auffällig werden zu lassen. Aus diesem Grunde wird man sich wohl auch hüten müssen, der Verschiedenheit der beiden Perspektiven, der Hauptperspektive

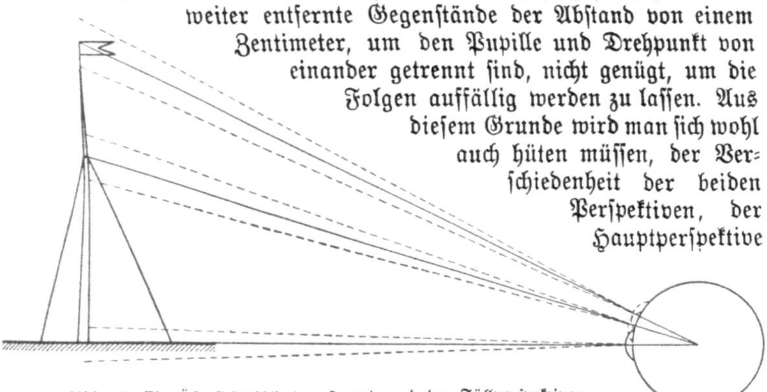

Abb. 13. Ein Übersichtsbild der Haupt- und der Füllperspektiven.

Der Augapfel (in ganz unrichtigen Größenverhältnissen) ist in drei Lagen dargestellt worden, wenn nacheinander Fuß, Mitte und Spitze des Flaggenstocks fixiert wurden. Die scheinbare Größe dieser drei Abschnitte wird offenbar nach den Augendrehungen um den Mittelpunkt beim direkten Sehen beurteilt. Für die Zwischenteile, die der Voraussetzung nach dem Beschauer weniger wichtig erscheinen, treten die nur roh angedeuteten Füllperspektiven ein, die von der jeweiligen Lage der Pupillenmitte aus entworfen sind. Wie weit sie sich erstrecken, ist schwer zu entscheiden; es wurde auf der Zeichnung unbestimmt gelassen.

und der Füllperspektiven, ein größeres Gewicht für die Tiefenwahrnehmung des Einzelauges beizulegen.

Der Umstand, daß das Auge gewohnt ist, schnelle Bewegungen um den Drehpunkt auszuführen, hat zur Folge, daß man beim direkten Sehen nicht von einer bevorzugten (Achsen-) Richtung sprechen kann. Der Entwurf der ebenen Perspektive ist also für das bewegte Auge willkürlich, weil die Richtung der perspektivischen Ebene nicht bestimmt ist. Man kann sich dabei aber, wie bereits erwähnt, dadurch helfen, daß man die Richtung nach einem mittleren (meist in der Höhe des Auges gelegenen) Fixationspunkte bevorzugt und auf ihr in diesem Punkte die (dann also lotrechte) perspektivische Ebene errichtet.

Das Auge und die ebene Perspektive. Schon in einer sehr frühen Zeit tritt in der Geschichte der Wunsch auf, das Gesehene mit Stift oder Pinsel naturgetreu wiederzugeben. Ganz allmählich entwickelte sich als Lösung dieser Aufgabe die Lehre von der Zentralprojektion oder der Perspektive. Die durch sie gelöste Aufgabe lautet in der hier angewandten Sprechweise: es ist die Durchstoßungsfigur des perspektivischen Strahlenbüschels beim direkten Sehen auf der ebenen Zeichen- oder Malfläche durch die zugehörige ebene Perspektive wiederzugeben. Infolge dieser perspektivischen Beziehung kann die ebene Perspektive an einer bestimmten (aus dem Maßstabe abzuleitenden) Stelle zwischen die Gegenstände und den Augendrehpunkt eingeschaltet werden und ersetzt dann, wenn der erforderliche Abstand nicht kleiner ist als der des Nahepunkts, für das betrachtende Einzelauge die Gegenstände im direkten Sehen völlig, soweit ihre scheinbare Größe in Betracht kommt. Die Füllperspektiven weichen allerdings von den natürlichen ab, doch ist oben auf ihre geringere Bedeutung hingewiesen worden. Daß diese einseitige Berücksichtigung des direkten Sehens ihren Zweck erfüllt, darauf braucht nur hingewiesen zu werden; gute Gemälde werden Beispiele genug liefern.

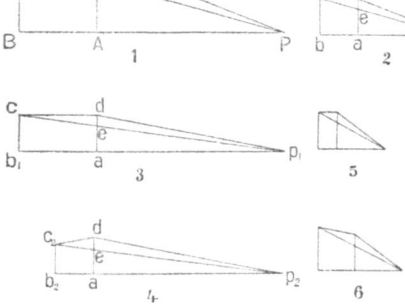

Abb. 14. Zum Einfluß der Gesichtswinkel auf die Deutung perspektivischer Zeichnungen.
1. Der Projektionsvorgang bei der Entstehung der ebenen Perspektive. 2. Die Betrachtung der verkleinerten Kopie aus dem richtigen Abstande. 3. [5.] Die Vertiefung [Abflachung] des als rechtwinklig erkannten Gebildes infolge eines zu weiten [zu nahen] Augenortes. 4. [6.] Die Verkleinerung [Vergrößerung] des Hintergrundes infolge eines zu großen [zu kleinen] Augenabstandes bei Kenntnis der Tiefenerstreckung.

Nach der ganzen Entstehung der ebenen Perspektive ist es unbedingt notwendig, den richtigen Abstand des Augendrehpunkts von ihr einzuhalten, wenn sich ein naturgetreuer Eindruck ergeben soll. Gröbere seitliche Abweichungen von dieser Stelle werden meistens vermieden, weil man die Begrenzung dieser Darstellungen in der Regel so wählt, daß das Auge ungefähr vor ihre Mitte gebracht werden muß, häufig aber kommt eine unrichtige Wahl des Abstandes vom Bilde vor. Die Folgen dieser Abweichung sind schon früh, so von J. H. Lambert in der zweiten Hälfte des 18. Jahrhunderts, untersucht worden.

Es sei in der Abb. 14 der Entwurf der Perspektive für eine Würfelfläche wiederholt, wobei 1 das perspektivische Zentrum P in der Verlängerung von BA angenommen sei. Die perspektivische oder Schirmebene gehe durch AD, so daß E den Punkt C vertreten möge. Wird nun 2 eine verkleinerte (beispielsweise im halbem Maßstabe angefertigte) Kopie dea der ebenen Perspektive so betrachtet, daß der Augendrehpunkt p einen zu da senkrechten Abstand $ap = \frac{1}{2} AP$ hat, so sind die Winkel dpa und epa den entsprechenden bei dem perspektivischen Vorgange gleich. Wenn man nun weiß, daß dea die perspektivische Darstellung eines rechteckigen Gebildes sein soll, so führt die Ziehung der Parallelen dc und ab sowie die Verlängerung von pe bis c nach Fällung der Höhe cb zu einem Quadrat, weil die ganze Zeichnung 2 der ersten 1 genau ähnlich ist. Zu demselben Ergebnis würde es führen, wenn man wüßte, das die Tiefe ab der von zwei Loten begrenzten Figur ihrer Höhe da gleich wäre. Alsdann würde man ebenfalls aus Ähnlichkeitsgründen haben schließen können, daß der senkrecht über b gefundene Punkt c auf einer durch d gehenden Parallelen zur Grundlinie läge.

Es sei aber nun angenommen, der Augendrehpunkt p_1 gelange 3 in einen zu weiten Abstand von der Kopie aed der ebenen Perspektive, so daß die mit diesen Punkten bestimmten Gesichtswinkel dp_1a und ep_1a zu klein ausfallen. Dann sind wieder ebendieselben beiden Möglichkeiten vorhanden, auf Grund der Erfahrung zu einer Raumanschauung zu kommen. Kennt man die überall gleiche Höhe des Gebildes $ABCD$ (etwa als die einer Wand oder Grenzmauer), dann kommt man 3 mittels der Parallelen durch d und der Verlängerung von p_1e auf das neue Gebilde ab_1cd, das ist ein Rechteck mit einer Tiefenerstreckung ab_1, die in demselben Verhältnis zu groß ist, in dem der tatsächliche Abstand ap_1 zu dem richtigen ap steht. Die andere Möglichkeit ist die, daß man aus Erfahrung über die richtige Tiefenerstreckung $ad = ab_2$ besser unterrichtet ist, alsdann kommt man 4 auf ein Gebilde ab_2c_2d, worin die ferneren Gegenstände c_2b_2 zu klein erscheinen. Gerade die entgegengesetzten Wirkungen stellen sich bei einer Vergrößerung der Neigungswinkel 5, 6 (Verkleinerung des Betrachtungsabstandes) ein.

Für die ganze Überlegung macht es offenbar keinen Unterschied, ob die betrachtete ebene Perspektive für sich besteht, also auf einer Zeichen- oder Malfläche wirklich vorliegt, oder in der Luft schwebt, wie es eben bei dem virtuellen Bilde der Fall ist, das die zu subjektivem Gebrauche bestimmten Instrumente liefern. Die Herleitung des obigen Ergebnisses beruht ja allein auf der Veränderung der Gesichtswinkel, unter denen die ebene Perspektive oder eine Kopie von ihr dem Auge dargeboten wird.

30 I. Das Auge und sein Gebrauch beim Sehen

Faßt man alles zusammen, so kommt man hinsichtlich des Einflusses der Veränderung der Gesichtswinkel (oder unrichtiger Betrachtungs= abstände bei greifbaren Perspektiven) zu folgendem Ergebnis: werden bei der Betrachtung einer richtig entworfenen Perspektive eines räum= lich ausgedehnten Gegenstandes die Gesichtswinkel verkleinert (wählt man den Abstand zu groß), so liegen alle Bedingungen vor, die Per= spektive falsch zu deuten, und zwar kann nach der Erfahrung des Be= schauers als Grenzfall sowohl eine entsprechende Vertiefung des ganzen Bildraumes als eine Er= niedrigung des Hintergrundes eintreten. Bei einer Vergrößerung der Gesichtswinkel (Verkleinerung des Abstandes) können sich die entgegengesetzten Grenzfälle ergeben.

Das Sehen mit beiden Augen. Handelt es sich, wie meistens, um den gleichzeitigen Gebrauch beider Augen (Abb. 15), so wird ein bestimmter Gegenstand oder ein Teil eines solchen fixiert, d. h. beide Augen werden je mit den sie bewegenden sechs Muskeln in eine solche Lage gebracht, daß sich die fixierte Stelle auf beiden Netzhaut= gruben abbildet. Den Richtungsunterschied beider Blicklinien nennt man den Konver= genzwinkel[1]) der Augen. Obwohl beide

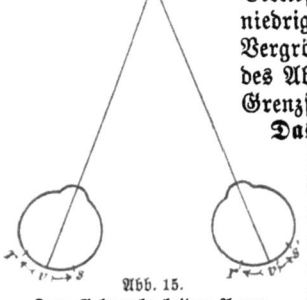

Abb. 15.
Zum Gebrauche beider Augen.
$\angle vRv'$ Konvergenzwinkel für den Dingpunkt R. v, v' Netzhautgrube im linken und rechten Auge. r, r'; s, s' korrespondierende Stellen, da $vr = v'r'$; $vs = v's'$.

Netzhäute gereizt werden, so wird dieser fixierte Punkt doch nur einfach ge= sehen. Andere Punkte erscheinen bei ruhiger Augenhaltung nur dann ein= fach, wenn ihre Bilder auf Netzhautstellen fallen, die zu der zugehörigen Netzhautgrube gleichgelegen sind; man nennt solche Stellen korrespon= dierende (entsprechende). Die alle einfach erscheinenden Dingpunkte enthaltende Fläche nennt man den Horopter. Die nicht in den Horopter fallenden Dingpunkte erzeugen, da ihre Bilder auf disparate (nicht entsprechende) Netzhautstellen fallen, Doppelbilder, die allerdings den in solchen Versuchen nicht geübten Augen meistens entgehen. Die Eigen= art dieser Doppelbilder ist verschieden, je nachdem der sie hervorrufende Dingpunkt näher oder ferner liegt als der fixierte Punkt. Dadurch ist ein Mittel gegeben, die Tiefenausdehnung auch bei vollkommen ruhenden

---

1) Siehe auch bei C. Kreibig, a. a. O. S. 87—89.

Augen wahrzunehmen. Ein solcher Fall tritt ein bei jäher Beleuchtung des Dingraums, etwa einer Landschaft durch einen Blitz in der Nacht.

Mit Ausnahme ganz selten eintretender Fälle unterrichtet man sich aber über die Tiefenausdehnung der Gegenstände nicht im Sehen mit ruhenden Augen, sondern man fixiert die verschiedenen Punkte des Dingraums schnell nacheinander, zu welchem Zwecke man fortwährend die Konvergenz der Augenachsen ändert. Die Regelung der Tätigkeit der Augenmuskeln ist dabei von äußerster Feinheit, denn die Forderung, mit beiden Augen schnell einen bestimmten Punkt zu fixieren, läuft, geometrisch gesprochen, darauf hinaus, die Augen schnell so zu bewegen, daß die beiden Blicklinien nach dem Dingpunkte in einer Ebene bleiben (der nämlich, die die Augendrehpunkte und den gerade fixierten Dingpunkt enthält). Mit der Änderung der Konvergenz ist bei noch nicht gealterten Augen eine Änderung der Akkommodation verbunden, und zwar so, daß bei stärkerer Konvergenz die Krümmung der beiden Linsenflächen tiefer wird. Durch Übung läßt sich allerdings dieser gewohnheitsmäßige Zusammenhang aufheben.

Zu Messungen der Entfernung selbst lassen sich die Augen schlecht verwenden, weil das Gefühl für die Bewegungen der Augenmuskeln doch nicht fein genug ist, um bei der kleinen Grundlinie (die Entfernung der Augendrehpunkte schwankt bei verschiedenen Menschen etwa zwischen 50 und 72 mm) die für einigermaßen entfernte Gegenstände sehr kleinen Konvergenzwinkel zu bestimmen. Handelt es sich aber um zwei Gegenstände, von denen der eine fixiert, der andere in nahezu derselben Richtung gesehen wird, so läßt sich ein etwa bestehender Entfernungsunterschied mit Hilfe der Feinheit der Breitenwahrnehmung (S. 18) verhältnismäßig recht sicher wahrnehmen. Unter Berücksichtigung der angegebenen Zahlen für die Entfernung der Augendrehpunkte und bei Annahme einer mittleren Schärfe der Breitenwahrnehmung von einer halben Bogenminute liegt der Abstand a vom Beobachter bis zu den sich eben noch von dem unendlich entfernten Hintergrunde abhebenden Gegenständen etwa zwischen 350 und 500 m. Man bezeichnet diese Strecke a auch als die **Grenze der Tiefenwahrnehmung im freien Sehen.**

Wird dieselbe Ausdrucksweise benutzt wie beim Sehen mit einem Auge, so bietet das beidäugige Sehen die Eigentümlichkeit dar, daß von einem körperlich ausgedehnten, mit wanderndem Blicke betrachteten Gegenstande jedem Auge eine verschiedene Perspektive dargeboten wird, deren perspektivisches Zentrum der zugehörige Augendrehpunkt ist. Die Vereinigung dieser beiden, in bestimmter Weise verschiedenen perspektivischen Darstellungen geschieht bei der Beziehung der Reize auf die Außenwelt, also nicht auf optischem Wege. Vielmehr ist es eine notwendige, beim natürlichen Sehen von selbst erfüllte Bedingung, daß zwei verschiedene Bilder vorhanden sind, die gesondert auf je ein Auge wirken.

II. Die Brillengläser.

Die Brillengläser sind zu bezeichnen als optische Hilfsmittel, die geeignet sind, dauernd vor dem Auge getragen zu werden. Daß diese Absicht ausnahmsweise (z. B. bei Stielbrillen) durch die Art der Fassung verhindert wird, tut der allgemeinen Begriffsbestimmung keinen Eintrag. Unter den verschiedenen Abweichungen, die durch Brillengläser gehoben werden können, soll es sich zunächst um Längenfehler allseitig symmetrischer Augen handeln; es werden hier also in erster Linie besprochen werden

Die allseitig symmetrischen Brillengläser.

Die Zusammensetzung der beiden Systeme, des Brillenglases und des ruhenden Auges fehlerhafter Länge. Geht man zunächst auf das hinter dem Brillenglase ruhende Auge ein, so kommt man auf ein Gebiet, das nur angedeutet zu werden braucht. Man nimmt dabei an, daß die Achse des Auges mit der Brillenachse zusammenfällt, und man bestimmt mit einer solchen Anordnung unter Benutzung des Probiergestells die höchste Sehleistung mit dem passenden Glase der Probierbrille.

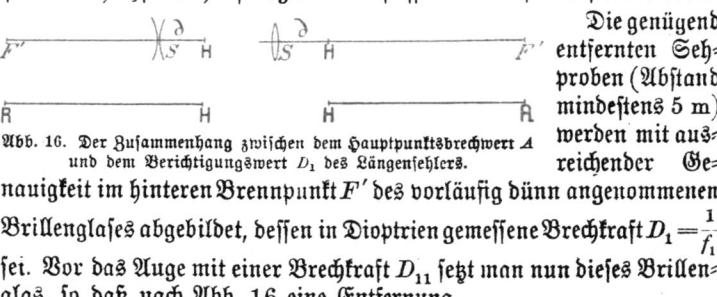

Abb. 16. Der Zusammenhang zwischen dem Hauptpunktsbrechwert A und dem Berichtigungswert D_1 des Längenfehlers.

Die genügend entfernten Sehproben (Abstand mindestens 5 m) werden mit ausreichender Genauigkeit im hinteren Brennpunkt F' des vorläufig dünn angenommenen Brillenglases abgebildet, dessen in Dioptrien gemessene Brechkraft $D_1 = \dfrac{1}{f_1}$ sei. Vor das Auge mit einer Brechkraft D_{11} setzt man nun dieses Brillenglas, so daß nach Abb. 16 eine Entfernung

$$\hat{c} = S\mathbf{H}$$

Die allseitig symmetrischen Brillengläser

zwischen S, dem hinteren Hauptpunkt oder dem Scheitel des dünnen Brillenglases, und dem vorderen Hauptpunkt H des Auges besteht; alsdann ergibt sich als Brechkraft D' des bewaffneten Auges

$$D' = D_1 + D_{11} - \hat{c} D_1 D_{11}$$
$$= D_{11} + D_1 \{1 - \hat{c} D_{11}\},$$

und man erkennt leicht, daß $D' = D_{11}$ wird, oder daß die Brechkraft des brillenbewaffneten Auges der des rechtsichtigen gleichkommt, wenn

$$1 - \hat{c} D_{11} = 0$$

gilt, oder wenn $\qquad \hat{c} = \dfrac{1}{D_{11}} = f = 17,06 \text{ mm} \qquad$ wird.

Der Abstand dünner Brillengläser. Ist also die Entfernung $\hat{c}$ zwischen dem hinteren Hauptpunkt oder dem Scheitel S des dünnen Brillenglases und dem vorderen Augenhauptpunkt H gleich der vorderen Augenbrennweite f, oder fällt mit anderen Worten der vordere Augenbrennpunkt F mit dem Scheitel S des dünnen Brillenglases zusammen, so ist die Brechkraft des brillenbewaffneten Auges gleich der Brechkraft des rechtsichtigen Auges, und somit werden auch die Bildgrößen entfernter Dinge auf der Netzhaut (S. 12) in beiden Fällen gleich sein.

Ist $\hat{c}$ nicht gleich der vorderen Augenbrennweite f, so ist auch die Bildgröße $\qquad \beta = \dfrac{w}{D'}$

auf der Netzhaut des brillenbewaffneten Auges nicht gleich der Bildgröße beim rechtsichtigen Auge, doch sind bei mäßigen Abweichungen von $\hat{c}$ die Bildgrößen beim bewaffneten Auge nicht sehr verschieden von ihren Werten beim rechtsichtigen.

Die Fernbrillen. Man nennt allgemein ein Brillenglas, das ferne Gegenstände dem fehlsichtigen Auge deutlich erscheinen läßt, mit anderen Worten sie im Fernpunkt des fehlsichtigen Auges abbildet, ein Fernbrillenglas, und seine Brechkraft den Berichtigungswert (Korrektionswert) D_1 der Fehlsichtigkeit.

Bezogen auf den Hauptpunktsbrechwert A des Auges und den Abstand $\hat{c}$ ergibt sich ohne besondere Schwierigkeit die im folgenden abgeleitete Beziehung für den Berichtigungswert D_1.

Es folgt aus der Bedingung, daß der Brennpunkt F' des Brillenglases mit dem Fernpunkt R des Auges zusammenfallen solle, wie man aus Abb. 16 sieht:

$$HS + SF' = HR$$
$$SF' = SH + HR$$
$$f_1 = \partial + a$$

$$D_1 = \frac{1}{\partial + a}$$
$$= \frac{\frac{1}{a}}{\frac{\partial}{a} + 1}$$
$$= \frac{A}{1 + \partial A}.$$

Setzt man nun aus Gründen, die sich später ergeben werden, für einen und denselben, aber nur wenig von 17,06 mm abweichenden Wert

$$\partial = 13,3 \text{ mm} = 0,0133 \text{ m},$$

so ergibt sich die folgende Tabelle zwischen dem Hauptpunktsbrechwert A des Auges und seinem Berichtigungswert D_1 (beide in dptr)

A	D_1	A	D_1
+ 10	+ 8,83	− 8	− 8,95
+ 8	+ 7,23	− 10	− 11,54
+ 6	+ 5,56	− 12	− 14,28
+ 4	+ 3,80	− 14	− 17,20
+ 2	+ 1,95	− 16	− 20,32
− 2	− 2,05	− 18	− 23,67
− 4	− 4,23	− 20	− 27,25.
− 6	− 6,52		

Hier mag darauf hingewiesen werden, daß verständlicherweise die Brechkraft eines Brillenglases ebenso wie die dadurch zu berichtigende Fehlsichtigkeit in Dioptrien gemessen wird. Es wird sich also um sammelnde Brillengläser von $+1, +2, +3 \cdots$ dptr und um zerstreuende von $-1, -2, -3 \cdots$ dptr handeln. Diese heute ganz allgemein gebräuchliche (internationale) Benennnung der Brillengläser ist erst seit dem Anfang der 70er Jahre des vorigen Jahrhunderts auf den Vorschlag des Straßburger Augenarztes F. Monoyer allmählich angenommen worden. Früher war eine recht willkürliche Bezifferung nach der in Zollen gemessenen Länge der Brennweite des als dünn angenommenen Brillenglases im Gebrauch. Sie ist jetzt aber fast ganz verschollen, und es wird genügen, daß für rheinländische (preußische) Zolle:

Die allseitig symmetrischen Brillengläser

$$1 \text{ Zoll} = 26{,}15 \text{ mm},$$

die Umrechnung der Maßzahlen M des einen Systems in das andere erhalten wird durch
$$M_{dptr} = \frac{40{,}4}{M_{Zoll}},$$
wenn für die Glasmasse des dünnen Brillenglases
$$n_D = 1{,}528$$
angenommen wird.

Nimmt man den Zähler abgerundet zu 40 an, so hat man die Nummern des einen Systems in 40 zu teilen, um die des anderen mit einer für Überschlagsrechnungen genügenden Genauigkeit zu erhalten. Es entspricht also die neue Bezeichnung — 8 dptr der alten Nummer — 5, und der alten Nummer + 13 entspricht im neuen System + 3 dptr.

Stellt man mit einem Fernbrillenglas die Buchstabengröße der Sehproben fest, die noch erkannt werden, so ermittelt man die absolute Sehschärfe S. Man bestimmt sie, indem man für einen großen Abstand der Sehproben das stärkste sammelnde oder das schwächste zerstreuende Glas aussucht, mit dem das fehlsichtige Auge seine höchste Sehschärfe erreicht.

Die Nahbrillen. Handelt es sich bei alterssichtigen (presbyopischen) Augen um einen bestimmten nahen Abstand a_1 zwischen Ding und Brillenscheitel und einen durch den Zustand des Auges gegebenen Abstand des Bildes vom Brillenscheitel, so ergibt sich die Brechkraft D_n der Nahbrille aus der Grundgleichung
$$B_1 = A_1 + D_n$$
zu
$$D_n = B_1 - A_1.$$

Der in Dioptrien zu messende Wert D_n hat oft einen positiven Betrag, er ergibt sich nur dann als negativ, wenn das Bild dem Brillenglase näher liegt als das Ding, und das kommt bei Kurzsichtigen höheren Grades vor. Handelt es sich um rechtsichtig gewesene Altersaugen, wo im Laufe der Zeit der Abstand b_1 des Nahepunkts groß, B_1 also klein geworden ist, so wird angenähert
$$D_n = -A_1,$$
und man erhält
$$D_n = 3 \text{ dptr},$$
wenn man
$$-a_1 = 0{,}33 \text{ m}$$
als günstigen Leseabstand ansetzt.

Im allgemeinen wird der Arzt darauf sehen, daß bei Nahbrillen alkommodiert werden soll, schon damit bei der Betrachtung der weiter entfernten Seitenteile der Schreib- oder Lesefläche die Akkommodation erschlafft werden kann.

Die Lupenbrillen. Schließlich ist noch der Fall denkbar, daß das von der Brille entworfene Bild im Unendlichen liegen solle, so daß also parallele Büschel in das Auge treten. Die Brille wird dann in ganz ähnlicher Weise benutzt wie die optischen Instrumente im engeren Sinne, und zwar namentlich die Lupen. Aus diesem Grunde sind solche Brillen auch Lupenbrillen genannt worden. Ihre Vergrößerung V_l ergibt sich aus dem Verhältnis ihrer Brennweite f_l zu dem herkömmlichen Werte der deutlichen Sehweite von 25 cm:

$$V_l = \frac{25 \text{ cm}}{f_l} = \frac{1}{4} D_l.$$

Die Brillengläser endlicher Dicke. Man kann aber die Annahme eines dünnen Brillenglases ganz im allgemeinen nur bei zerstreuenden Gläsern annähernd erfüllen: bereits schwache sammelnde Brillengläser verlangen bei einem bestimmten Glasdurchmesser eine gewisse Mitteldicke d. Sind aber die beiden brechenden Flächen durch einen Abstand d von bestimmter endlicher (d. h. nicht verschwindender) Dicke voneinander getrennt, so ist der Abstand

$$s' = SF'$$

des hinteren Brennpunkts von der letzten Linsenfläche im allgemeinen nicht mehr gleich der Brennweite der Linse. Dieser Abstand s' ist aber für die Auswahl des Fernbrillenglases von größter Wichtigkeit, denn es muß natürlich auch in diesem Falle der hintere Brennpunkt F' des Brillenglases mit dem Fernpunkt R des zu unterstützenden Auges zusammenfallen. Man erhält nunmehr ähnlich wie vorher auf S. 34

$$s' = \partial + a,$$

wobei ∂ wiederum von dem inneren Scheitel S des Brillenglases gemessen worden ist.

Der Scheitelbrechwert. Diese Beziehung läßt es angebracht erscheinen, für den Kehrwert von s' die neue Bezeichnung Scheitelbrechwert anstelle der alten Brillenscheitelrefraktion einzuführen:

$$\frac{1}{s'} = A_{s'}$$

wobei der Zeiger s für den Dingabstand steht, so daß es sich also in dem vorliegenden Falle um A_∞ handelt. Es ergibt sich dann den dünnen Brillengläsern gegenüber die etwas abgeänderte Beziehung

$$A_\infty = \frac{A}{1 + \partial A}.$$

Die Brechkraft D_1 eines solchen Brillenglases endlicher Dicke ist von dem Scheitelbrechwert verschieden; es würde keine große Schwierigkeit machen, diese Beziehung abzuleiten, doch soll das hier unterbleiben, weil es für den zunächst erstrebten Zweck nicht wichtig genug erscheint. Nur so viel sei hier bemerkt, daß die Brechkraft des Brillenglases endlicher Dicke für die Bildgröße auf der Netzhaut des Brillenträgers bestimmend ist.

Man sieht leicht ein, daß schon aus Gründen des Gewichts die Mittelbicke einfacher Sammellinsen nicht über einen gewissen Betrag hinausgehen kann, und daher wird die Unterlassung der Unterscheidung zwischen Bildweite s' und Brennweite f_1 oder zwischen Scheitelbrechwert A_∞ und der Brechkraft D_1 bei einfachen Sammellinsen zwar unstreng sein, aber in den meisten Fällen keinen allzu großen Fehler ergeben. Bei einfachen dünnen Zerstreuungslinsen ergibt sich nur ein ganz verschwindender Unterschied.

Die Fernrohrbrillen. Ganz anders aber verhält es sich mit Anlagen aus einem Linsenpaare, die in den letzten Jahren ausgebildet worden sind, und die wegen ihrer äußerlichen Ähnlichkeit mit einem holländischen Fernrohr als Fernrohrbrillen (Abb. 17) eingeführt wurden. Man hat bei ihnen auf ein Gesichtsfeld der gewöhnlichen Größe zugunsten der Vergrößerung des Netzhautbildes verzichtet und hat zu diesem Zwecke zwei Linsen von verschiedenen Zeichen und von endlichem (nicht verschwindendem) Abstande eingeführt. In jedem Falle ist dabei die Sammellinse den Gegenständen zugekehrt, während die Zerstreuungs-

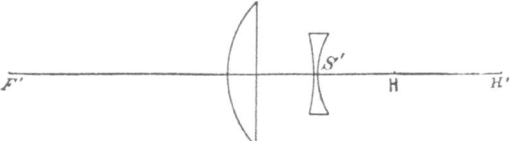

Abb. 17. Ein Achsenschnitt durch die Fernrohrbrille.

linse dem Auge benachbart ist. Da die Brechkräfte der Einzellinsen (D_1 und D_2) stets verhältnismäßig groß gewählt werden, so ergibt sich ein Scheitelbrechwert A_∞, der von der Brechkraft D_{12} der Fernrohrbrille wesentlich verschieden ist, und es ist hier auch nicht einmal bei roher Annäherung möglich, diese beiden Größen einander gleichzusetzen.

In allen Fällen wird eine Vergrößerung des Netzhautbildes erreicht, die sehr hohe Beträge (180% und mehr) annehmen kann.

Ursprünglich — gegen das Ende des 17. Jahrhunderts — für hochgradig kurzsichtige Augen geplant, leistet diese Form aber auch bei Fehlsichtigkeiten geringeren Grades gute Dienste und kann sowohl als Fern- wie auch als Nahbrille und endlich selbst als eigentliche Lupenbrille mit besonders großem freiem Arbeitsabstande Verwendung finden. Darauf wird später (S. 70—76) noch näher einzugehen sein.

Es sind zwar auch noch andere Doppellinsen gebaut worden, doch haben sie keine genügende wirtschaftliche Bedeutung erlangt, um hier besprochen zu werden.

Das Brillenglas für das blickende Auge.

So wichtig die vorher angestellten Überlegungen für die Untersuchung der verschiedenen Fehlsichtigkeiten waren, so kommt man damit für den ständigen Gebrauch nicht aus, sondern dafür muß die Brille und das bewegte Auge behandelt werden, denn es ist aus dem Vorhergehenden bekannt, daß beim gewöhnlichen Sehen das Auge auf die Dingstellen gerichtet wird, die die Aufmerksamkeit des Beschauers erregen.

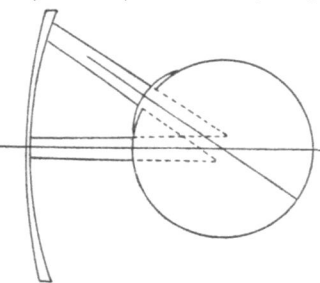

Abb. 18. Das Büschel der Blicklinien hinter dem Brillenglase.

Man wird hier die Annahme machen müssen, daß sich das Auge hinter der Brille um seinen Drehpunkt bewegt, und daß seine Blicklinie in die verschiedensten Richtungen gebracht wird, während das Brillenglas zum Augendrehpunkt eine unveränderte Lage einnimmt. In der Abb. 18 ist das an dem Fall eines zerstreuenden Brillenglases erläutert worden. Alsdann erkennt man aus der Abb. 19, daß sich diese Aufgabe auf die Beantwortung der viel allgemeineren Frage zuspitzt: was geht vor, wenn man hinter einem optischen System eine enge Hinterblende einführt und Hauptstrahlenbüschel von großer Neigung ($2w' \leq 70°$) zuläßt? Denn offensichtlich wird durch eine enge, in richtiger Entfernung auf der Achse angebrachte Hinterblende an einem gegebenen Brillenglas dasselbe Hauptstrahlenbüschel ausgesondert, das für ein damit bewaffnetes Auge in Betracht kommt, wenn sein Drehpunkt eben jenen Achsenpunkt einnimmt.

Eng abgeblendete, zentrisch benutzte Systeme

Eine Beigabe über zentrisch benutzte optische Systeme mit enger Blende.

Die Richtungsänderung der Hauptstrahlen. Die Antwort auf die oben gestellte Frage zerfällt in zwei verschiedene Teile, je nachdem es sich um die Richtungsänderung der Hauptstrahlen und um die Abbildung längs ihnen handelt. Zunächst sei die Frage nach den entsprechenden Richtungen im Ding- und im Bildraum gestellt. Man kann da ganz allgemein sagen, daß bei jedem optischen System, das als Brille benutzt wird, jeder bildseitigen Hauptstrahlrichtung eine einzige dingseitige entspricht, die im allgemeinen von ihr verschieden ist. Liegt, wie das bei sorgfältig angepaßten Brillen verlangt wird, der Augendrehpunkt auf der Achse des Systems, wird also das Brillenglas zentrisch benutzt, so gibt es eine auch sonst bevorzugte Richtung (nämlich die der Achse), bei der die beiden Richtungen im Ding- und im Bildraum miteinander zusammenfallen; alle anderen augenseitigen Richtungen — die also mit der Achse einen endlichen (nicht verschwindenden) Winkel w' bilden — sind im allgemeinen und namentlich immer bei dünnen Brillengläsern von den ihnen entsprechenden dingseitigen Richtungen — mit dem Strahl-Achsen-Winkel w — verschieden: sie sind zu der bevorzugten Achsenrichtung allseitig symmetrisch angeordnet. Den Unterschied $w' - w$ nennt man häufig auch die prismatische Wirkung der Randteile des Brillenglases und beschreibt sein Vorhandensein gleichsam als einen Mangel der Seitenteile der Brille. Diese Auffassung ist aber irrig, denn die dingseitigen Richtungen sind dem Brillenträger unmittelbar überhaupt nicht[1]) zugänglich, er erhält nur die bildseitigen und kann nicht etwa durch Vergleichung beider die Rich-

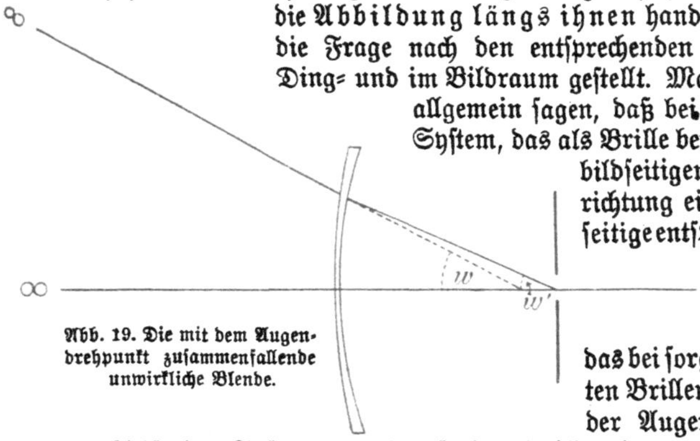

Abb. 19. Die mit dem Augendrehpunkt zusammenfallende unwirkliche Blende.

---

[1]) Dabei sei der Fall ausgeschlossen, daß man nach einem Randteile des Brillenglases blickt und dann mit der inneren Pupillenhälfte abgelenkte, mit der äußeren unmittelbar von dem Gegenstande ausgesandte Strahlen aufnimmt.

40　II. Die Brillengläser

tungsänderungen in den Seitenteilen des Blickfeldes feststellen. Man findet sich auch bei allen zusammengesetzten Instrumenten — dem Mikroskop und dem Fernrohr — genau so gut in den Seitenteilen des Bildes zurecht, vorausgesetzt, daß die Bildgüte keinen merklichen Abfall zeigt, ja man kann sagen, die Vergrößerungsleistung dieser In-

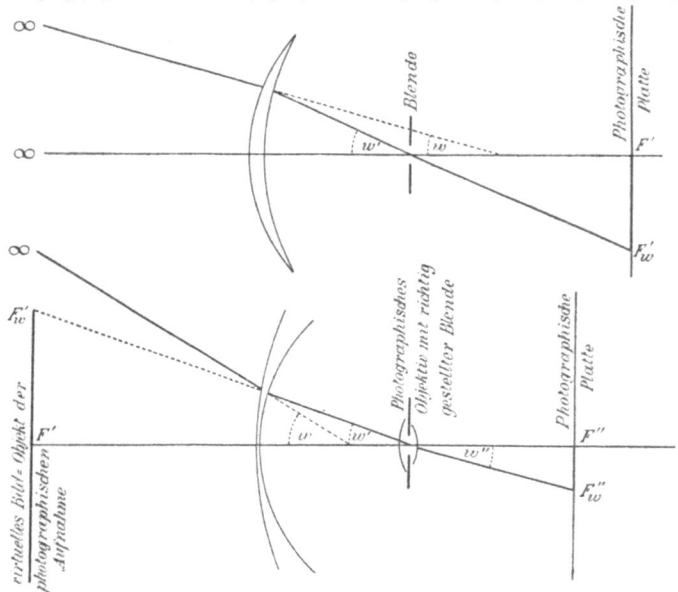

Abb. 20. Die Ermittlung des augenseitigen Verlaufs der Hauptstrahlen
oben für den Fall eines sammelnden Brillenglases
unten „   „   „   „ zerstreuenden   „

strumente ist geradezu an die prismatische Wirkung in den Seitenteilen des Bildes gebunden. Bei den Brillengläsern wird die in der Regel mäßig große Winkeländerung entweder gar nicht bemerkt, oder sie fällt dem Träger nur in der ersten Zeit des Gebrauchs auf. Von außerordentlicher Bedeutung ist es aber, daß zu einer jeden Hauptstrahlrichtung im Dingraum eine einzige Hauptstrahlrichtung im Bildraum gehört und umgekehrt. Mit Hilfe der Photographie läßt sich auch in verwickelten Fällen der Verlauf der Hauptstrahlen nach dem Durchgang durch das Brillenglas in aller Strenge ermitteln.

Eng abgeblendete, zentrisch benutzte Systeme 41

Man sieht aus Abb. 20 leicht ein, daß der zu einer dingseitigen Hauptstrahlneigung w gehörige Durchstoßungspunkt F'_w in der hinteren Brennebene eines sammelnden Brillenglases ohne weiteres ermittelt werden kann, wenn man in F' eine photographische Platte achsensenkrecht anbringt. Bei einem zerstreuenden Brillenglase ist das aber unmöglich, weil dort die hintere Brennebene virtuell, nicht zugänglich, ist. Man kann sich aber in diesem Falle damit helfen, daß man ein verzeichnungsfreies photographisches Objektiv mit ebenem Bildfelde verwendet. Die virtuellen Durchstoßungspunkte F'_w in der hinteren Brennebene der Zerstreuungslinse dienen dann dem photographischen Objektiv, dessen enge Eintrittspupille an den Ort des Augendrehpunkts hinter dem Brillenglase zu bringen ist, als Dingpunkte und werden schließlich in F''_w auf der photographischen Platte abgebildet. Da nach der Voraussetzung das photographische Objektiv ähnlich abbildet, so kann man die Abstände $F'' F''_w$ messen und daraus leicht die für das Brillenglas wichtigen Längen $F' F'_w$ ermitteln.

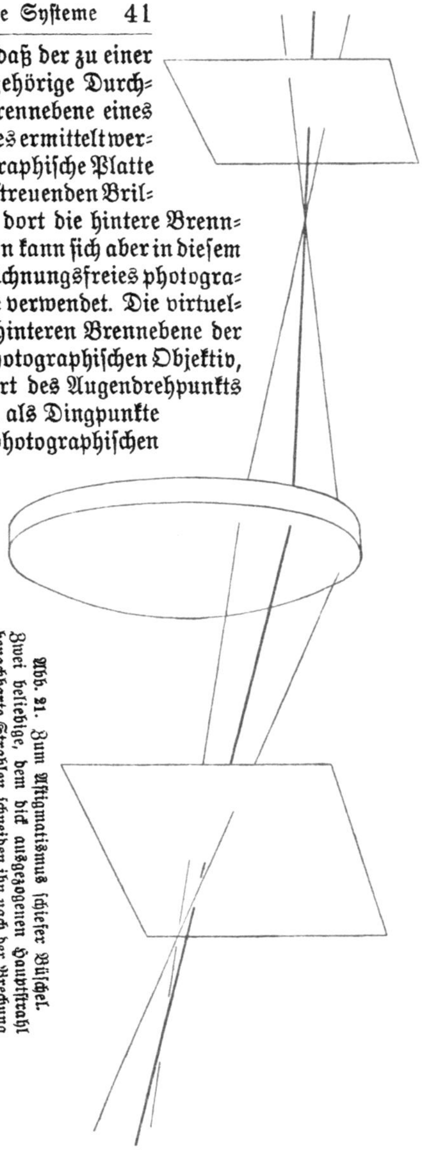

Die Abbildung längs schiefen Hauptstrahlen. Ist hiermit etwa das Nötigste über die Richtungsänderung der Hauptstrahlen gesagt, so muß nun von der Güte der Abbildung gehandelt werden, die längs diesen Hauptstrahlen zustande kommt. Nimmt man in Abb. 21 einen Dingpunkt auf seinem stark ausgezogenen dingseitigen Hauptstrahl an, und läßt man zwei sehr wenig geneigte Strahlen — entsprechend der geringen Öffnung der im Augendrehpunkt vorausgesetzten Blende — von ihm ausgehen, so ist bei dieser allgemeinen Fassung

Abb. 21. Zum Astigmatismus schiefer Büschel. Zwei beliebige, dem bidd ausgezogenen Hauptstrahl benachbarte Strahlen schneiden ihn nach der Brechung nicht, sondern sind zu ihm windschief.

42 II. Die Brillengläser

nicht ausgemacht, ob sich die eindeutig zu ihnen gehörigen Richtungen im Augenraum überhaupt schneiden; sie könnten ja windschief zueinander verlaufen. Und in der Tat verhält sich das auch so, wenn die beiden wenig geneigten Strahlen ganz willkürlich gewählt sind. Auf Grund des Malusschen Lehrsatzes, nach dem ein optisches System einfallende Kugelwellen nur so verändern kann, daß ihnen stetige Wellenflächen entsprechen, läßt sich aber eine wichtige Aussage machen, die in der Abb. 22 verdeutlicht sei. Es muß zwei aufeinander senkrechte, sich in dem Hauptstrahl durchdringende ebene Büschel im Dingraum geben, denen im Bildraum wieder zwei zueinander senkrechte ebene Büschel entsprechen, in denen also je ein Schnittpunkt zustande kommt. Man bezeichnet diese beiden in einem endlichen Abstand voneinander auf dem Hauptstrahle liegenden Punkte als Brennpunkte, die beiden zueinander senkrechten Ebenen als Hauptschnitte, die in ihnen entstehenden Schneiden als Brennlinien und das ganze Aussehen des Büschels als eine auf den schiefen Strahlengang zurückzuführende astigmatische Entstellung (Doppelschneiden-Form) eines ursprünglich spitzen Büschels oder kurz als den Astigmatismus schie-

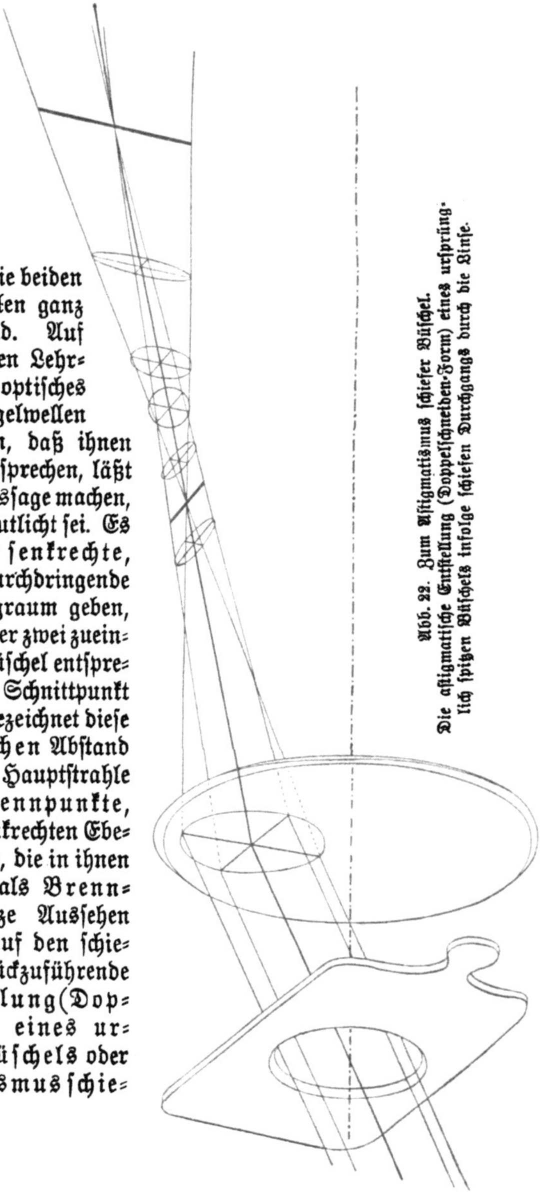

Abb. 22. Zum Astigmatismus schiefer Büschel. Die astigmatische Entstellung (Doppelschneiden-Form) eines ursprünglich spitzen Büschels infolge schiefen Durchgangs durch die Linse.

fer Büschel. Es ist sehr merkwürdig, daß dies der allgemeinste Fall ist, auch wenn ganz beliebige zentrisch benutzte Umdrehungssysteme vorliegen. Wie bestimmt man nun die Lage der Hauptschnitte?

Bei der vorliegenden Brillenaufgabe kann man, soweit es sich um gut angepaßte Gläser handelt, die Annahme machen, daß sie zentrisch benutzt werden, d. h. daß der Augendrehpunkt eben auf der Brillenachse liegt. Ferner sei zunächst die Beschränkung auf allseitig symmetrische zentrierte Gläser beibehalten, wie sie zur Unterstützung fehlsichtiger achsensymmetrischer Augen allein in Betracht kommen. Hält man an diesen Voraussetzungen fest, so verläuft ein beliebiger Hauptstrahl in einer die Glasachse enthaltenden Ebene, einer Achsenebene. Man braucht nur eine einzige solche Achsenebene herauszugreifen und die Vorgänge in ihr zu untersuchen, um alle zu kennen, denn durch eine Umdrehung um die Achse, die bei achsensymmetrischen Systemen natürlich gestattet ist, wird die ausgewählte Achsenebene zu einer beliebigen. Unter dieser Voraussetzung ist es auch sehr leicht, die Lage der einen Hauptebene anzugeben. Läßt man den Dingpunkt einen wenig geneigten Strahl in der Achsenebene aussenden, so kann er diese nach dem Brechungsgesetze[1] nicht verlassen, und er muß also nach dem Austritt aus dem System den Hauptstrahl wirklich schneiden. Mithin fällt die erste Hauptebene mit dem Achsenschnitt zusammen, und es macht keine Schwierigkeit mehr, nun auch den zweiten Hauptschnitt anzugeben, da er ja den ersten längs dem Hauptstrahl senkrecht durchdringen muß. Man hat sich daran gewöhnt, die ebenen Büschel der Achsenebene als tangentiale (t-), die des zweiten Hauptschnitts als sagittale (s-) zu bezeichnen. Was ist nun die Folge des Auftretens der einander rechtwinklig kreuzenden Brennlinien? Das ist eine ganz eigentümliche Unschärfe, die hier ziemlich eingehend untersucht werden soll. Der endliche Abstand zwischen den beiden Brennlinien hängt von der Neigung w, w' des Hauptstrahls ab; er ist Null auf der Achse, auf der natürlich kein Astigmatismus schiefer Büschel auftritt, sondern wo sich eine wirkliche Abbildung einstellt; dagegen nimmt er im allgemeinen mit wachsender Schiefe w, w' zu. Sucht man auf einer Reihe von Hauptstrahlen verschiedener Neigung in der Achsenebene die Lage der Brennlinien auf und verbindet die Punkte der t-Büschel unter sich und die der s-Büschel

---

[1] Bei der Brechung liegen stets der einfallende Strahl, das Einfallslot und der gebrochene Strahl in einer und derselben Ebene.

ebenfalls unter sich durch je einen stetigen Linienzug, so erhält man in der Abb. 23 zwei Linien, die **Bildlinien** der t- und der f-Büschel dieser Achsenebene, die sich, wie man sieht, in der Achse berühren. Läßt man nun diese Achsenebene sich um die Achse drehen, was ja bei achsensymmetrischen Systemen ohne weiteres möglich ist, so ergeben sich die **Bildschalen** der t- und der f-Büschel, d. h. die geometrischen Orte für die Punkte, in denen für unendlich ferne Dingpunkte überhaupt so etwas wie eine Abbildung zustande kommt, nämlich die Orte der Brennlinien, und diese Brennlinien verlaufen für die t-Büschel peripher, für die f-Büschel radial; vielleicht läßt sich das nach den Teilen eines Wagenrads klarer ausdrücken: für die t-Büschel felgen=, für die f-Büschel speichenrecht. Daß das so sein muß, erkennt man leicht. In dem ausgewählten Achsenschnitt stand die Brennlinie der t-Büschel senkrecht auf der Ebene dieses Schnittes, fiel also (Abb. 22) mit der Richtung der Tangente des Kreises zusammen, der entsteht, wenn man den Brennpunkt der Büschel um die Achse laufen läßt. Die Brennlinie der f-Büschel dagegen fiel in die ausgewählte Achsenebene selbst und wies auf die Drehachse hin. Bei einem vollständigen Umlauf der Achsenebene nimmt also die Brennlinie alle radial gerichteten Lagen in dem Kreise ein, den die Bahn des Brennpunkts der f-Büschel bildet.

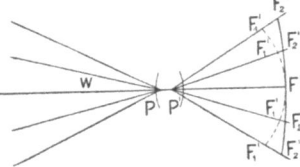

Abb. 23. Die astigmatischen Bildschalen eines gewöhnlichen Systems. Die gestrichelte Linie bedeutet den Schnitt durch die Schale der t-Büschel, die ausgezogene den durch die Schale der f-Büschel.

Man gehe nun dazu über, ein Ding, etwa eine beliebig gerichtete Linie, abzubilden, indem man etwa eine Mattscheibe der entsprechenden Bildschale möglichst anschmiegt, so erhält man im allgemeinen sowohl in der Schale der t- als in der der f-Büschel eine verwaschene Wiedergabe, da jeder Punkt der Linie in ein entweder peripher oder radial gerichtetes Linienstück ausgezogen wird. Man erkennt leicht, daß es zwei Sonderlagen der Dinglinie gibt, für die sich die Brennlinien je eines Systems übereinander lagern, so daß der Anschein einer deutlichen Abbildung zustande kommt: das sind für die Schale der t-Büschel die peripher gerichteten Linien, also hier alle um den Achsenpunkt beschriebenen Kreise, und es sind für die Schale der f-Büschel die radial gerichteten Linien, also hier das ganze vom Dingachsenpunkt in der Dingebene ausgehende Strahlenbüschel. Diese Dinglinien sind nach A. Gullstrand als abbildbare Linien anzusehen; sie entsprechen ihrer Wiedergabe auf der Mattscheibe im Bildraum gemäß der beschränkten Strahlenvereinigung in astigmatisch entstellten Büscheln nicht Punkt für Punkt, sondern allein Linie für Linie, aber das ist immer schon etwas. Die Schnittstelle zweier abbildbarer Linien und ihre nächste Umgebung, hier also ein Kreuz, kann, wie sich aus der Abb. 24 ergibt, von einem mit Astigmatismus schiefer Büschel behafteten System natürlich nie deutlich wiedergegeben werden, sondern einer der Balken ist stets dann verwaschen, wenn sich der andere deutlich darstellt.

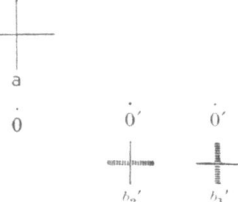

Abb. 24. Zur Erscheinungsform des Astigmatismus.
a das Dingkreuz, b_2' das Bildkreuz (Mattscheibe in der Fläche der peripheren Büschel), b_1' das Bildkreuz (Mattscheibe in der Fläche der radialen Büschel).

Dieser Astigmatismus schiefer Büschel tritt nun im allgemeinen bei allen Systemen auf, die mit schiefen Büscheln verwendet werden, und natürlich auch bei den Brillen im allgemeinen. In der Geschichte zuerst bekämpft wurde er bei photographischen Objektiven, und es ist ein Ruhmestitel der Optik des deutschen Sprachgebiets, daß er hier zuerst in der Herstellung überwunden wurde, und zwar geschah das 1840 in dem von J. Petzval entworfenen photographischen Porträtobjektiv, obwohl tiefgehende theoretische Untersuchungen über die Natur der Bildfläche schon elf Jahre vorher von H. Coddington im Cambridge angestellt worden waren.

Die Aufgabenstellung für die Brille. Die beiden Aufgaben, die sich auf S. 23 bei der Behandlung des freien Sehens ergeben hatten, die Fragen nach der Deutlichkeit der Wahrnehmung und nach der Richtung des Wahrgenommenen, treten natürlich auch beim Sehen durch Instrumente auf, und man wird hier fragen müssen, wie weit kann das Blicken des fehlsichtigen Auges durch ein ruhendes System gefördert werden, und wie werden dadurch die Richtungen verändert, unter denen die wahrgenommenen Gegenstände erscheinen. Auf den letzten Punkt ist ja bereits auf S. 39 hingewiesen worden. Vorausgreifend sei bemerkt, daß eine der beiden Aufgaben bevorzugt werden muß, da sich beide zugleich mit einem besonders einfachen, nämlich von zwei Kugelflächen begrenzten System nicht in vollkommener Weise lösen lassen, und da wird man gut tun, das Gewicht besonders auf die Deutlichkeit der Wahrnehmung zu legen; in der Erwägung, daß man zunächst deutlich sehen muß, und daß es erst in zweiter Linie darauf ankommt, zu untersuchen, inwieweit diese Wahrnehmung unter anderen Bedingungen erfolgt, als die sind, die für rechtsichtige Beobachter an demselben Orte der Beobachtung gelten.

Hiermit sei die Beigabe abgeschlossen, die von der Richtungsänderung und der Abbildung bei einem im schiefen Strahlengang benutzten optischen System allgemeiner Art handelt, und es muß bei der Beschränkung auf den einfachen Fall eines Brillenglases nur darauf hingewiesen werden, daß bei gewöhnlichem Gebrauch jedes Brillenglas hauptsächlich im schiefen Strahlengang benutzt wird. Sobald man einen Gegenstand endlicher Ausdehnung mit ruhig gehaltenem Kopfe betrachtet, muß sich das Auge um seinen Drehpunkt bewegen, und müssen die Randteile des Brillenglases benutzt werden. Das ist auch schon an dem ersten Tage so gewesen, an dem eine Brille aufgesetzt wurde — wie wenig auch der Träger diesen Zusammenhang erkannt hat —, und ganz zweifellos hat das Auge des ersten Brillenträgers schon astigmatisch entstellte Büschel unter veränderten Winkeln erhalten.

Versuche zur Hebung des Astigmatismus schiefer Büschel in einfachen Brillengläsern. Was nun den soeben erwähnten Astigmatismus schiefer Büschel angeht, so ist die durch ihn verursachte Unschärfe schon frühzeitig aufmerksamen Beobachtern aufgefallen, so beispielsweise dem englischen Arzt W. H. Wollaston um das Jahr 1804, also zu einer Zeit, wo die Ursache und das Wesen dieses Fehlers optischer Instrumente noch ganz unbekannt war. Er schlug Brillengläser einer besseren Form als periskopische (etwa Umblick=) Brillen vor, doch haben sie sich nur langsam eingeführt. Auch manchen späteren Bemühungen um die Verbesserung der Bildgüte der Brillengläser im schiefen Strahlengang, mögen sie nun rein versuchsmäßig angestellt oder mehr wissenschaftlich begründet gewesen sein, war kein wirklicher Erfolg beschieden, und ein solcher Zustand ist befremdlich. Einmal hat wohl den Benutzern der üblichen Brillenformen die Einsicht darein gefehlt, was sich durch die Mittel der Technik für die Verbesserung der Seitenteile des Blickfeldes erreichen ließe[1]), vermutlich lag aber der Hauptgrund darin, daß bei der lange üblichen sehr geringen Genauigkeit der Brillenbestimmung wohl kaum für das Bild in der Achse die höchste Leistung erzielt wurde, geschweige denn, daß man eine voll=

---

1) Ein gutes Beispiel dafür gibt der nicht untüchtige Londoner Optiker W. Jones, der bei jeder Gelegenheit Wollastons Hervorkehrung der Vorzüge der periskopischen Brillen entgegentrat.

kommene Abbildung in seitlichen Richtungen erstrebt hätte. Und das wäre auch nicht ganz einfach gewesen; es hätten seine Sehproben im schiefen Strahlengang von guten Beobachtern entziffert werden müssen, und das hätte sich ohne bestimmte, nicht ganz einfache mechanische Vorkehrungen gar nicht einmal genau ermöglichen lassen.

Bei den Verbesserungen, die versucht wurden, ist man wohl immer so vorgegangen, daß man neben den alten gleichseitigen und plano-

Abb. 25. 1, 2, 3 Sammellinsen: die Mitte ist dicker als der Rand. 4, 5, 6 Zerstreuungslinsen: die Mitte ist dünner als der Rand. 1 bikonvexe, 2 plankonvexe, 4 bikonkave, 5 plankonkave Linse; 3 positiver, 6 negativer Meniskus (Möndchen).

sphärischen Formen (Abb. 25) auch noch durchgebogene, meniskenförmige, Gläser führte. Zunächst handelte es sich dabei um die periskopischen Brillen. Diese wurden in späterer Zeit so bestimmt¹), daß die sammelnde Fläche bei zerstreuenden, die zerstreuende bei sammelnden Gläsern einen festen Halbmesser von 40 cm hatte. Später sind — mindestens für die mittleren Nummern — noch andere Meniskenformen mit den festen Halbmessern von etwa $17\frac{1}{2}$, $11\frac{1}{2}$, 9 und 6 cm hergestellt worden. Gläser, bei denen die letzten Halbmesser vorliegen, hat man öfter als Halbmuschel- und als Muschelgläser bezeichnet. Der Grund, neben diesen meistens bessere Randbilder liefernden Formen auch noch die alten gleichseitigen und plano-sphärischen Brillen zu führen, hat in dem Verlangen der Käufer gelegen, möglichst billige Waren zu erstehen. Bedauerlicherweise hat man in Deutschland lange Zeit hindurch zur Unterstützung des Auges vielfach die allerbilligsten Gläser verwandt, ohne zu beachten, daß durch diese Mißachtung der Brille die theoretische Leistung und die technische Ausführung auf einem niedrigen Stande gehalten werden mußten.

Demnach sei hier von der historischen Darstellung abgesehen, da sich dabei kein regelmäßiger Fortschritt in den tatsächlich benutzten Brillenformen nachweisen läßt, und es werde vielmehr die theoretische Behandlung durchgeführt.

---

[1] Diese Bestimmung geht nicht auf W. H. Wollaston zurück, sondern sie hat sich allem Anscheine nach bei den ausführenden Optikern später als eine Art Überlieferung herausgebildet.

Die zu stellende Forderung kann mit folgenden Worten ausgedrückt werden: es ist für eine bestimmte seitliche Augendrehung — etwa $w' = 30$ bis 35 Grad — an einem Brillenglas vorgeschriebener Brechkraft der Astigmatismus schiefer Büschel aufzuheben. Das einzige Mittel, das dafür noch verfügbar ist, ist die Wahl der Linsenform oder die richtige **Durchbiegung**. Bestimmt man etwa die innere Fläche durch ihre Brechkraft D'', so ergibt sich aus der vorgeschriebenen Brechkraft D_1 des ganzen (zunächst dünn angenommenen) Glases

$$D_1 = D' + D''$$

die der vorderen Fläche D' durch die Gleichung

$$D' = D_1 - D''.$$

Man kann nun fragen, reicht dieses Mittel auch aus, um den Astigmatismus schiefer Büschel für die angenommene Hauptstrahlneigung aufzuheben?

Die Bestimmung der Lage des Augendrehpunkts. Bevor die Antwort erteilt wird, sei die Lage des Augendrehpunkts bestimmt. Nach den früheren Auseinandersetzungen (S. 33) würde es der ersten Forderung entsprechen, wenn das Bild auf der Netzhaut des brillenbewaffneten Auges genau so groß ausfiele wie auf der des rechtsichtigen. Dafür mußte $\quad \partial = S\mathbf{H} = 17,06$ mm

sein. Berücksichtigt man (S. 9) den Abstand des vorderen Augenhauptpunkts $\mathbf{H}$ vom Hornhautscheitel $\mathbf{S}$, so ergibt sich

$$S\mathbf{S} = 15,71 \text{ mm}.$$

Nimmt man hinzu, daß der Drehpunkt Z' vom Hornhautscheitel aus durchschnittlich 13 mm nach innen[1]) und auf der Achse anzunehmen ist, so erhält man als seinen Abstand vom inneren Brillenscheitel

$$SZ' = 28\,{}^3/_4 \text{ mm}.$$

Nun ist aber, wie auch schon auf S. 33 bemerkt wurde, die Änderung der Größe des Netzhautbildes nur schwach, wenn man geringe Abweichungen von dem ∂-Wert gleicher Größe zuläßt. Mithin wird es, ohne eine schädliche Änderung der Netzhautbildgröße herbeizuführen, möglich sein, den ∂-Wert und damit den Betrag von SZ' etwas herabzusetzen. Die Grenze für diese Verkleinerung wird durch einen solchen Abstand zwischen der inneren Brillenfläche und dem Augapfel gebildet

---

1) Bei sehr kurzsichtigen Augen wird man einen merklich größeren Abstand als 13 mm erwarten müssen.

Punktuell abbildende achsensymmetrische Brillen

werden, bei dem die Wimperenden (Zilien) das Brillenglas nicht mehr beschmutzen können. Setzt man dafür an — s. Abb. 18 auf S. 38 — $SS = 12$ mm, so ergibt sich ohne weiteres $SZ' = 25$ mm, und das ist eine Festsetzung, die wohl für den Abstand des Augendrehpunkts vom inneren Brillenscheitel bestehen kann. Die Verringerung gegen den ursprünglichen Wert hat einen doppelten Vorteil; einmal kann für ein einfaches Linsensystem von bestimmter Brennweite der Astigmatismus schiefer Büschel um so leichter gehoben werden, wenn gegebenenfalls auch kurze Blendenabstände gewählt werden dürfen. Sodann aber wird ein geringerer Linsendurchmesser für einen und denselben Drehwinkel w' ausreichen, und man wird also bei einem geringeren Werte von SZ' zu entsprechend kleineren und leichteren Brillengläsern kommen. Schon auf S. 39 war darauf hingewiesen worden, daß der Augendrehpunkt Z' auf der Achse des Brillenglases anzunehmen sei; man nennt das eine zentrische Lage des Augendrehpunkts und spricht auch von der zentrischen Benutzung des Brillenglases.

Die beiden Formen der punktuell abbildenden sphärischen Brillengläser. Ist auf diese Weise der Augendrehpunkt Z' zum Brillenglas festgelegt, so kann die Frage genauer gestellt werden, ob unter diesen Umständen eine Aufhebung des Astigmatismus schiefer Büschel eines Brillenglases gegebener Brechkraft für einen endlichen Blickwinkel w' möglich ist. Die Antwort lautet, ja, es lassen sich innerhalb bestimmter Grenzwerte der Brechkraft Formen von sphärisch begrenzten dünnen Brillengläsern angeben, bei denen der Astigmatismus schiefer Büschel für einen endlichen Blickwinkel w' gehoben ist, wenn der Augendrehpunkt 25 mm vom Scheitel der Innenfläche entfernt ist. Solche Brillen sollen als punktuell abbildende von den gewöhnlichen unterschieden werden, bei denen die Abbildung auf den achsennahen Raum beschränkt ist, während für alle schiefen Blickrichtungen eine astigmatische Entstellung der engen Büschel auftritt.

Von punktuell abbildenden Brillen gibt es nun für jede Brechkraft zwei Formen, die sich deutlich durch das Maß ihrer Durchbiegung voneinander unterscheiden. Die weniger stark durchgebogene sei eine punktuell abbildende Brille Ostwaltscher, die stärker durchgebogene eine solche Wollastonscher Form genannt. Die umstehenden Abb. 26 und 27 werden das Aussehen der beiden Formen für die beiden Scheitelbrechwerte von -5 dptr und $+5$ dptr verdeutlichen. Wenn man an

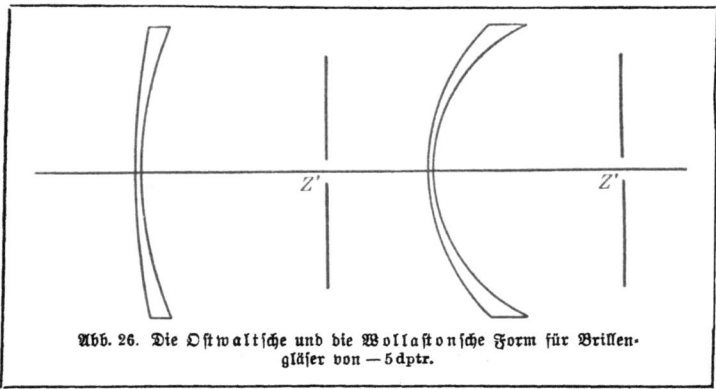

Abb. 26. Die Ostwaltsche und die Wollastonsche Form für Brillengläser von —5 dptr.

dieser Stelle auch nicht auf den ziemlich verwickelten Zusammenhang zwischen der Form und der Brechkraft bei punktuell abbildenden Brillen eingehen kann, so läßt sich doch soviel sagen, daß es **keinen Außenhalbmesser von gleichmäßiger Länge gibt**, der für verschiedene Brillennummern stets auf ein punktuell abbildendes Brillenglas führte, sondern der Außenhalbmesser ist mit der Brechkraft des Brillenglases veränderlich.

Um einen Begriff davon zu geben, welche Beträge des Astigmatismus schiefer Büschel bei vielgetragenen Brillengläsern vorkommen, und bis zu welchem Grade sie gehoben werden können, seien hier die rechnerischen

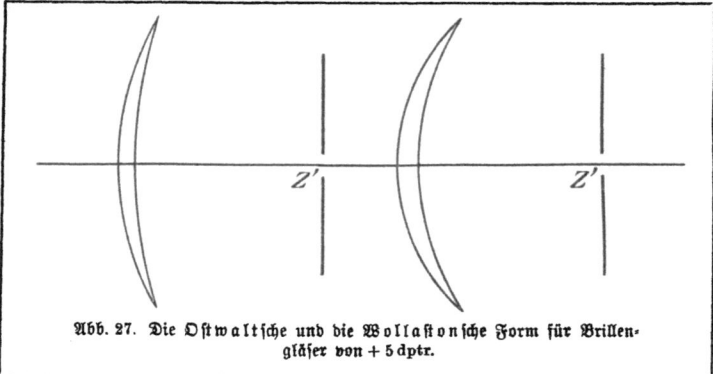

Abb. 27. Die Ostwaltsche und die Wollastonsche Form für Brillengläser von + 5 dptr.

Punktuell abbildende achsensymmetrische Brillen 51

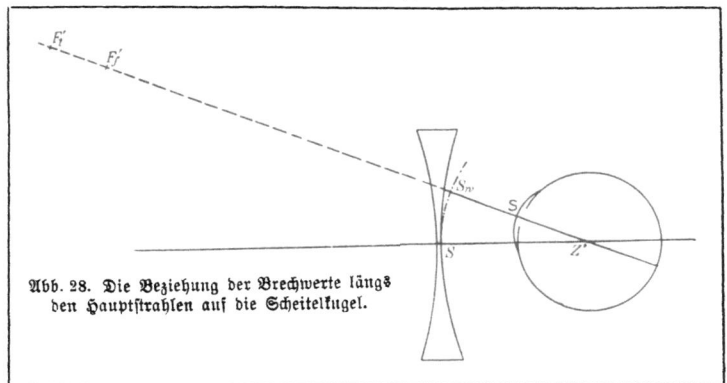

Abb. 28. Die Beziehung der Brechwerte längs den Hauptstrahlen auf die Scheitelkugel.

Ergebnisse als Beispiel und als Gegenbeispiel in zwei Schaubildern einander gegenübergestellt.

Der Astigmatismus schiefer Büschel wird dabei durch den Unterschied der Brechwerte im t- und im f-Schnitt gemessen. Um genau vergleichbare Werte zu erhalten, rechnet man nach der Abb. 28 die Strecken bis zu den beiden Brennpunkten F'_t und F'_f immer von einem Punkte S_w aus, der auf dem beliebig gewählten schiefen Hauptstrahle 25 mm vom Augendrehpunkt Z' entfernt ist, oder man bezieht, wie man sich auch ausdrücken kann, den Astigmatismus schiefer Büschel auf die um Z' als Mittelpunkt beschriebene Kugel durch den inneren Brillenscheitel S. Den Astigmatismus erhält man dann als Unterschied zweier Brechwerte in Dioptrien ausgedrückt, und das sind Angaben, wie sie der Augenarzt ohne weiteres verwenden kann.

Als Beispiel in Abb. 29 und 30 dient nun der Astigmatismus schiefer Büschel bei einer als Brillenglas mit 25 mm Drehpunktsabstand benutzten gleichseitigen Bikonvex- und Bikonkavlinse. Als Gegenbeispiel ist ebenda der der Strichdicke gegenüber verschwindende Astigmatismus bei punktuell abbildenden Linsen Ostwaltscher Form von gleichem Scheitelbrechwert eingezeichnet worden, dabei wurde als äußerste Augendrehung nur ein Betrag von 30° angenommen.

Um den deutlich auftretenden Unterschied richtig bewerten zu können, wird man sich vergegenwärtigen müssen, daß der Astigmatismus des Auges vom Augenarzt schon ausgeglichen wird, wenn er $1/4$ oder gar $1/2$ dptr übersteigt. Der Astigmatismus schiefer Büschel wird also in

4*

ben Seitenteilen des Blickfeldes dieser gleichseitigen Brillengläser sehr auffällig sein.

Unmittelbar klar wird das, was die Hebung des Astigmatismus schiefer Büschel bedeutet, wenn man unter Wiederholung des bei der wirklichen Benutzung bestehenden schiefen Strahlenganges durch das Brillenglas photographische Aufnahmen von Schriftproben mit grünem Licht macht. Man wird die Aufnahmen mit verschiedener Schiefe machen, um den wachsenden Einfluß dieses Bildfehlers zu zeigen. In der

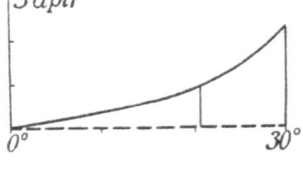

Abb. 29.   Abb. 30.

Der Astigmatismus schiefer Büschel eines gleichseitigen zerstreuenden (−5 dptr)   sammelnden (+5 dptr) Brillenglases (————) und der eines entsprechenden zerstreuenden (−5 dptr)   sammelnden (+5 dptr) Brillenglases (— — —) Ostwaltscher Form.

obersten Gruppe I der beigegebenen Tafel findet sich in den mit a und b bezeichneten Kolonnen eine solche Darstellung. Unter a stehen die Aufnahmen durch ein bikonvexes Brillenglas von +5 dptr und unter b die durch ein entsprechendes punktuell abbildendes Glas Ostwaltscher Form. Die bildseitigen Neigungen w' der Hauptstrahlen betragen in beiden Fällen der Reihe nach 0°, 10°, 20°, 30°, und man sieht ohne weiteres ein, daß diese beiden Gläser nur in der Achse Gleiches leisten. Schon bei 10°, sicherlich aber bei stärkeren Hauptstrahlneigungen tritt bei dem bikonvexen Glas eine Unschärfe ein, die feinere Proben früher unkenntlich macht als gröbere. Bei dem punktuell abbildenden Glase bleiben die Leistungen unter den Voraussetzungen des Versuchs für die Seitenteile des Blickfeldes ebenso brauchbar wie für die Mitte.

Was das Verhältnis der beiden Formen nach F. Ostwalt und W. H. Wollaston zueinander angeht, so leisten sie für die Zwecke der Praxis längs schiefen Hauptstrahlen gleich Gutes; ist einmal der Astigmatismus schiefer Büschel für eine bestimmte Augendrehung ($w' = 30°$) gehoben, so gilt, soweit die Verhältnisse für die Ostwaltsche Form ± 5 dptr aus den Abb. 29 und 30 erkennbar sind, das gleiche auch für den Astigmatismus längs Hauptstrahlen von geringerer Neigung,

und diese Eigenschaft, die man etwa die Zonenfreiheit der Punkt=
abbildung nennen könnte, gilt, soweit die Zwecke des Gebrauchs in
Frage kommen, für achsensymmetrische Gläser beider Formen in glei=
chem Maße. Von den Verzeichnungsfehlern wird noch später gehandelt
werden, doch sei schon jetzt vorausgreifend bemerkt, daß der Unterschied
zwischen beiden Formen zwar bemerkbar, aber von keiner großen Be=
deutung ist.

Punktuell abbildende Brillengläser Ostwaltscher Form werden seit
dem Jahre 1912 oder später von den nachstehenden, nach ihren Anfangs=
buchstaben geordneten Werkstätten öffentlich angeboten: E. Busch als
Isokrystargläser, Nitsche & Günther als Rectavistgläser, G. Roden=
stock als Neo=Perpha=Gläser, C. Zeiß als Punktalgläser.

Schließlich muß noch der Teil der obigen Antwort etwas näher be=
handelt werden, in dem von den Grenzwerten der Brechkraft bei punk=
tuell abbildenden Gläsern die Rede war. Setzt man ein bestimmtes
Brechungsverhältnis, etwa $n_D = 1{,}52$,
voraus, so läßt sich unter den angegebenen Bedingungen der Astig=
matismus schiefer Büschel nur dann heben, wenn die Brechkraft D_1
des Brillenglases zwischen den Grenzen

$$- 25 \text{ dptr} \leq D_1 \leq 7\tfrac{1}{2} \text{ dptr}$$

liegt. Man erkennt ohne weiteres, daß diese Grenzen nach der negativen
Seite genügen, und daß sie auch für die häufiger vorkommenden Fälle
von angeborener Übersichtigkeit ausreichen. Dagegen genügen sie nicht
für die Mehrzahl der Stargläser. Also sind einfache eigentliche
Stargläser mit sphärischen Grenzflächen, die in einem solchen Abstand
getragen werden, daß die Wimpern die Innenfläche nicht berühren,
ohne weiteres mit Astigmatismus schiefer Büschel behaftet. Später wird
das Mittel zu besprechen sein, das auch bei einfachen Stargläsern zu
punktueller Abbildung im endlich ausgedehnten Blickfelde führt.

**Die Bildfläche der punktuell abbildenden sphärischen Bril=
lengläser.** Wenn nun nach dem Vorhergehenden der Astigmatismus
schiefer Büschel bei punktuell abbildenden Gläsern gehoben ist, so ist
es noch von Wichtigkeit, auf die Gestalt der Fläche einzugehen, in die
von einem solchen Glase die unendlich ferne Ebene abgebildet wird.
Zweckmäßig verweist man dabei auf ein ganz allgemeines Gesetz über
die Krümmung der Bildfläche in der Nähe ihres Scheitels, das aus den
Arbeiten der bereits auf S. 45 erwähnten Mathematiker H. Cobbington

(1829) und J. Petzval (1843) hervorgegangen und als das Cobbington=Petzvalsche Gesetz bekannt geworden ist.

Wendet man dies allgemeine Gesetz auf den einfachen Fall eines einzelnen Brillenglases an, so haben ziemlich zahlreiche Untersuchungen erkennen lassen, daß das Cobbington=Petzvalsche Gesetz hier unbedenklich auch für endliche Neigungen angewendet werden darf und mithin darauf führt, die Bildfläche eines zentrisch benutzten, punktuell abbildenden Brillenglases als eine zentrische Kugelfläche anzusehen. Als Halbmesser ergibt sich aus $-\frac{1}{R} = \frac{1}{nf_1}$

sofort $R = -nf_1$

ober in Worten: bei einem zentrisch benutzten, punktuell abbildenden Brillenglase liegt das Bild der fernen Ebene auf einer durch den hinteren Brennpunkt F' gehenden Kugelfläche, deren Halbmesser durch Vervielfachung der Brennweite mit dem Brechungsverhältnis des Glases erhalten wird.

Man stelle sich nun ein punktuell abbildendes Brillenglas vor, wie es zum Ausgleich einer bestimmten Fehlsichtigkeit verwendet wird, nämlich so zentrisch vor das Auge gebracht, daß der Glasbrennpunkt F' mit dem Fernpunkt R des Auges zusammenfällt. Unter diesen Umständen würde dem Auge dann für seitliche Blickrichtungen genau die gleiche Deutlichkeit der Wahrnehmung vermittelt werden wie in der Mitte, wenn die Bildfläche des Glases mit der Fernpunktskugel des Auges zusammenfiele. Das ist nun allerdings für die Gläser mittlerer Brechkraft nicht der Fall, da die Krümmung ihrer Bildfläche schwächer ist als die der Fernpunktskugel der durch sie unterstützten Augen, aber die Abweichungen zwischen beiden Flächen sind sehr gering, so daß sie bei nicht ganz feinen Gegenständen durch die Tiefe der Abbildung verdeckt werden. Durch eine geeignete Verordnung des Brillenglases läßt es sich stets dahin bringen, daß nur eine ganz geringe Anspannung der Akkommodation (weniger als $\frac{1}{9}$ dptr) notwendig ist, um sowohl die Mitte wie die Randteile des Blickfeldes deutlich zu erhalten. Es verdient aber hervorgehoben zu werden, daß im Gegensatz zu den eigentlichen optischen Instrumenten (Fernrohr, Mikroskop, photographischem Objektiv) bei dem Fernbrillenglas die Bildkrümmung im allgemeinen zu klein ausfällt.

Die punktuell abbildenden Nahbrillen. Eine punktuell abbildende Fernbrille behält theoretisch diese Eigenschaft guter Strahlen=

Punktuell abbildende achsensymmetrische Brillen

vereinigung nicht, wenn der Dingpunkt auf dem dingseitigen Hauptstrahl in endlicher Entfernung von der Linse angenommen wird. Vielmehr tritt in einem solchen Falle längs diesem Hauptstrahl im allgemeinen Astigmatismus schiefer Büschel auf. Daß er nicht mehr auffällt und für mittlere Brechkräfte nicht berücksichtigt zu werden braucht, liegt einmal daran, daß bei punktuell abbildenden Fernbrillen mittlerer Brechkraft durch die Annäherung des Dingpunkts kein Astigmatismus von hohem Betrage erzeugt wird, sodann aber auch an der mangelhaften Ausbildung der Beobachter und an der Beschaffenheit der meisten Gegenstände, die für solche Untersuchungen zu grob sind. Wollte man eine vollkommene Nahbrille schaffen, so müßte man für eine gegebene Brechkraft D_1 und einen gegebenen Achsenabstand a des Gegenstandes die Rechnung wiederholen, um jene Durchbiegung zu finden, die in diesem veränderten Falle den Astigmatismus schiefer Büschel beseitigte. Man würde dann ebenfalls wieder für jede Brechkraft zwei verschiedene punktuell abbildende Brillenformen finden, die als die Ostwaltsche und die Wollastonsche Form der Nahbrille zu unterscheiden wären. Die letzterwähnte würde fast gar nicht, die erste etwas merklicher von den Fernbrillen der gleichen Bezeichnung und der gleichen Brechkraft abweichen. Auch hier würde eine nähere Untersuchung erkennen lassen, daß die Bildfeldkrümmung dieser punktuell abbildenden Systeme für die Mehrzahl der Brillennummern zu schwach ausfallen würde. Die Grenzwerte kann man in ähnlicher Weise ermitteln und findet, daß die Möglichkeit, die in sphärischen Gläsern mäßiger Dicke dargeboten wird, dazu ausreichen würde, die häufiger vorkommenden Grade der Fehlsichtigkeiten mit punktuell abbildenden Nahbrillen auszugleichen. Dagegen ist keine Möglichkeit gegeben, starke Nahgläser für linsenlose Augen mit Hebung des Astigmatismus für schiefen Strahlengang herzustellen, wenn man sich auf sphärische Einzelgläser mäßiger Dicke beschränkt. Über diese Fälle wird also noch zu handeln sein.

Die punktuell abbildenden Lupenbrillen. Die Lupenbrillen sind in erster Linie für Augen bestimmt, deren Nahepunkt in eine große Entfernung gerückt ist. Im Vergleich mit den Fernbrillen kehren sich also die Beziehungen für die Ding- und die Bildentfernungen geradezu um, und daher wird es kein Wunder nehmen, daß hier gänzlich andere Grenzbeziehungen gelten. Ferner liegt es auf der Hand, daß nur Sammellinsen als Lupenbrillen in Betracht kommen. Mit den üblichen Glasarten kommt als Grenzwert etwa $D_1 = +11$ dptr in Frage. Hinsichtlich der Bildfeldkrümmung gilt die obige Bemerkung (S. 36), wonach die Lupenbrillen den optischen Instrumenten im engeren Sinne näherstehen. Sie sollen ja die Brennebene in die unendlich ferne Ebene, die Nahepunktsfläche des unterstützungsbedürftigen Auges, abbilden. Das ist ihnen aber darum unmöglich, weil sie eine zu große Bildkrümmung haben. Bei der Einfachheit der Anlage, die auch für die gewöhnlichen Lupenbrillen eine unerläßliche Bedingung ist, gibt es bei sphärisch begrenzten Einzellinsen kein Mittel, die Bildkrümmung zu bekämpfen.

Die punktuell abbildenden Vorhängebrillen. In das Fach der Nah- und der Lupenbrillen gehört eine Einrichtung, die, wie es scheint, unverdienterweise unbeachtet gelassen wird: das Vorsatzglas oder der Vorhänger, der, vor das Fernbrillenglas geschaltet, Alterssichtigen die Wahrnehmung naher Gegenstände ermöglicht. Hält man an einem Arbeitsabstand von $-a$ fest, so vermag ein Glas von einer Brechkraft

$$D_v = A$$

abgesehen von der unvermeidlichen Bildfeldkrümmung die Dingfläche in die unendlich ferne Ebene abzubilden. Da a meistens in den Grenzen

$$0{,}20 \text{ m} < a < 0{,}75 \text{ m}$$

liegen wird, so hat man nur schwache Sammellinsen von

$$5 \text{ dptr} > D_v > 1{,}33 \text{ dptr}$$

zu berücksichtigen, und zwar (Abb. 31) muß der durch das Fernbrillenglas in den Dingraum abgebildete Drehpunkt, der scheinbare Drehpunkt, als Blendenort für den Vorhänger bei der Behandlung schiefer Büschel berücksichtigt werden. Im allgemeinen ist es möglich, den Vorhänger von dem Astigmatismus schiefer Büschel zu befreien, also einen punktuell abbildenden Vorhänger zu erhalten.

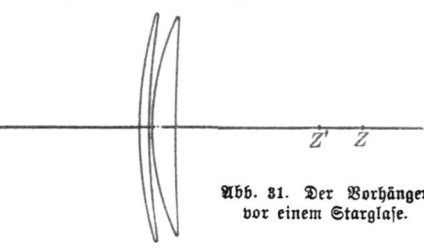

Abb. 31. Der Vorhänger vor einem Starglase.

Solche Vorhänger empfehlen sich namentlich als Zusatzgläser bei teuren Fernbrillengläsern, und besonders dann, wenn es sich um zwei verschiedene Arbeitsentfernungen a — etwa für Lesen und für Klavierspielen — handelt. (Über Doppelstärkenbrillen lese man auf S. 76 nach.)

Punktuell abbildende achsensymmetrische Brillen

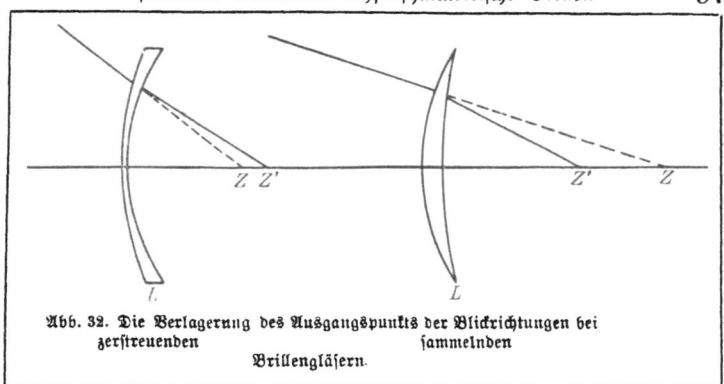

Abb. 32. Die Verlagerung des Ausgangspunkts der Blickrichtungen bei zerstreuenden sammelnden Brillengläsern.

Die Beziehung der dingseitigen zu den augenseitigen Blickrichtungen (die Änderung der Perspektive) bei Brillengläsern mäßiger Dicke. Geht man jetzt auf die Änderung der Blickrichtungen durch die Brillen mäßiger Dicke ein, so kommt sie in folgender Weise zustande. Für den Dingraum der Brille ist zunächst der scheinbare Drehpunkt Z zu bestimmen. Es ist das, wie man aus Abb. 32 ersieht, der Punkt, dem der wirkliche Augendrehpunkt Z' als Bild in bezug auf das Brillenglas L entspricht. Man sieht leicht ein, daß ein jeder Strahl, der im Augenraum durch den Drehpunkt Z' laufen soll, im Dingraum auf Z gerichtet sein muß. Solange es sich um den Dingraum des Brillenglases handelt, wird also der Augendrehpunkt selbst durch seinen scheinbaren Ort ersetzt, und man kann diese Ersetzung die Verlagerung des Ausgangspunkts der Blickrichtungen nennen. Es fragt sich nunmehr, wie es mit der Größenänderung entsprechender Blickwinkel steht, und da empfiehlt es sich, zunächst einmal die Wirkung eines fehlerfreien dünnen Brillenglases zu untersuchen und dann erst die Verhältnisse bei den wirklich vorhandenen Gläsern mäßiger Dicke zu besprechen.

Die Richtungsänderung bei dünnen, verzeichnungsfreien Brillengläsern. Bei dem verzeichnungsfreien, dünnen Brillenglase der Abb. 33 werde angenommen, daß die beiden Hauptebenen in eine zusammenfallen, und daß die Winkeländerungen nach demselben Gesetze vor sich gehen, das für den achsennahen Raum gilt. Für die Ableitung sei ein sammelndes Brillenglas vorausgesetzt, doch würde man sie ohne weiteres auch an einem zerstreuenden machen können. Hier gilt unter allen Umständen die Grundgleichung von S. 11, also

$$\frac{1}{a} = \frac{1}{b} - D_1 = \frac{1-bD_1}{b},$$

wobei gesetzt wurde $a = HZ$; $b = HZ'$;

mithin ersieht man aus $a = \dfrac{b}{1-bD_1}$,

daß der scheinbare Augendrehpunkt Z dem Glase bei Zerstreuungslinsen ($D_1 < 0$) näher liegt als der Augendrehpunkt Z' selbst; bei Sammelgläsern ($D_1 > 0$) ist er von der Brille weiter entfernt. Für eine beliebige Durchstoßungshöhe h der gemeinsamen Hauptebene ergibt sich

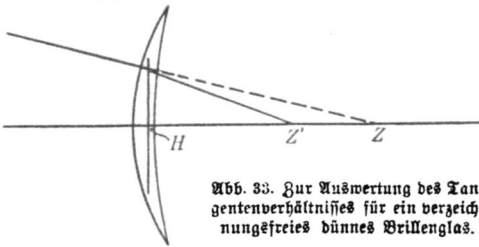

Abb. 33. Zur Auswertung des Tangentenverhältnisses für ein verzeichnungsfreies dünnes Brillenglas.

$\operatorname{tg} w' = \dfrac{h}{b}$; $\operatorname{tg} w = \dfrac{h}{a}$ und demnach $\dfrac{\operatorname{tg} w'}{\operatorname{tg} w} = \dfrac{a}{b} = \dfrac{1}{1-bD_1}$.

Diese Größe, das Tangentenverhältnis, ist also kleiner als 1 für Zerstreuungs- und größer als 1 für Sammelgläser, oder anders ausgedrückt, ein kurzsichtiges Auge erhält von demselben Gegenstand hinter seinem Brillenglase kleinere Blickwinkel, ein übersichtiges größere Blickwinkel als ein rechtsichtiges, wenn man beim Versuch darauf achtet, daß die scheinbaren Augendrehpunkte der Fehlsichtigen und der wirkliche des Rechtsichtigen genau in den gleichen Abstand von dem Gegenstand kommen.

Nach der Voraussetzung ist das Gesetz der Winkeländerung

$$\frac{\operatorname{tg} w'}{\operatorname{tg} w} = \frac{1}{1-bD_1} = \text{const.}$$

auch für Winkel endlicher Größe gültig, und darum kann hier eine Bemerkung angewandt werden, die bereits bei der Behandlung des unbewaffneten Auges gemacht wurde. Es sei daran erinnert, daß als Perspektive auch die Gesamtheit der Strahlrichtungen bezeichnet werden konnte, die von einem bestimmten Ausgangsort nach den Punkten eines Gegenstandes gezogen wurden. Mithin stimmen in den drei soeben geschilderten Fällen die dingseitigen Perspektiven überein, oder anders ausgedrückt, es erscheint der Gegenstand vom scheinbaren Augenort des Kurz- und des Übersichtigen unter denselben Winkeln wie vom wirklichen Augendrehpunkt des Rechtsichtigen. Aber nur der Rechtsichtige nimmt diese dingseitige Perspektive auch wirklich wahr, für die beiden Fehlsichtigen wird sie durch das Brillenglas geändert (entsprechend der Tangentenbedingung), und jeder von beiden erhält die übereinstimmende Perspektive des Dingraums unter veränderten Winkeln. Es ist verständlich, daß dadurch die Raumvorstellung betroffen werden muß, und man ersieht aus der Bemerkung auf S. 30, daß bei bekannten Gegenständen für Kurzsichtige eine Vertiefung, für Übersichtige eine Verflachung des gesamten Raumdings eintreten kann (der andere Grenzfall, die Erniedrigung oder Erhöhung des Hintergrundes, ist für Brillenträger weniger wichtig). Man erkennt also aus der Behandlung der Richtungsänderung an Brillengläsern, warum beispielsweise Linsenlose mit der Brille versehen zunächst leicht zu kurz greifen oder auch wohl über eine (unverhältnismäßige) Vergrößerung des Hintergrundes klagen. Bei hochgradig kurzsichtigen Augen kann, wenn das Fernbrillenglas vertragen wird, die entgegengesetzte Wirkung beobachtet werden. Diese Wirkungen verlieren sich, je mehr sich der Brillenträger an die Gesetze gewöhnt, unter denen ihm die Brille die Richtungen der Außenwelt vermittelt.

Die Ausbildung der Trägerschicht bei Zerstreuungslinsen. Die Verkleinerung der dingseitigen Blickwinkel durch ein zerstreuendes und ihre Vergrößerung durch ein sammelndes Brillenglas wirkt bei der Wiedergabe von Einzelheiten darauf hin, daß dem Kurzsichtigen kleine Gegenstände leichter entgehen als dem Übersichtigen, dem sie ja unter größeren Blickwinkeln erscheinen. Umgekehrt entsprechen aber gleichgroßen augenseitigen Blickfeldern beim Kurzsichtigen vergrößerte, beim Übersichtigen verkleinerte dingseitige Blickfelder, und das ist im ersten Falle die Entschädigung für die geringere, im zweiten Falle der Preis für die bessere Erkennbarkeit kleiner Einzelheiten. Die Begrenzung der augenseitigen Blickfelder wird durch den Brillenrand gegeben, der kreisförmig oder öfter oval ist. Es wird mithin bei Zerstreuungslinsen möglich sein, den Brillenrand kleiner zu wählen und doch ein dingseitiges Blickfeld von ausreichender Größe zu erhalten. So vorzugehen empfiehlt sich namentlich bei Zerstreuungslinsen höherer Brechkraft, wo gerade die Randteile besonders zu dem hohen Gewicht des ganzen Brillenglases beitragen. Um das auffällige Aussehen zu vermeiden, das solche sehr kleinen Brillengläser bieten würden, hat man sie zwar von der üblichen Größe genommen, aber die Randteile zu einer leichten Trägerschicht ausgebildet, wofür mancherlei Vorschläge gemacht worden sind, die in Abb. 34 angedeutet wurden. Wenn man, worüber später zu sprechen sein wird, ähnliches auch bei Sammellinsen von hoher Brechkraft vornahm, so hatte das eine sehr weitgehende Einschränkung des dingseitigen Blickfeldes zur Folge.

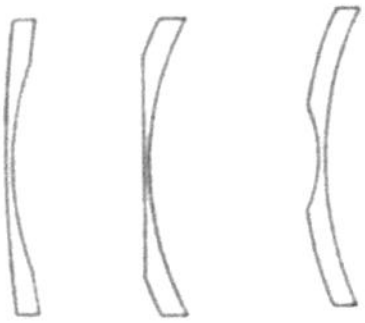

Abb. 34. Die Trägerschicht bei Zerstreuungslinsen.

Die Verzeichnung bei punktuell abbildenden Brillengläsern mäßiger Dicke. Der Gegenstand der augenseitigen Richtungsänderungen soll aber nicht verlassen werden, ohne daß auf die Verzeichnung wenigstens obenhin eingegangen würde, da durch das Auftreten dieses Bildfehlers die vorher erhaltenen Ergebnisse ein wenig verändert werden. Bei aufmerksamer Betrachtung des durch ein punktuell abbildendes Brillenglas gelieferten Bildes erkennt man, daß die augenseitigen Richtungen durch die Randteile der Brillengläser stärker verändert werden, als den Brillenmitten entspricht, wenn die Tangentenbedingung erfüllt wäre. Die Sammellinsen vergrößern, die Zerstreuungslinsen verkleinern die Richtungswinkel des dingseitigen Blickfeldes zu stark, und diese in Abb. 35 dargestellte Eigentümlichkeit nennt man die Verzeichnung der Brillengläser. Sie fällt am meisten bei Dinggeraden auf, die nicht durch die Blickfeldmitte gehen, denn sie erscheinen gekrümmt, und zwar kehren die Bogen bei Sammellinsen ihre erhabene, bei Zerstreuungslinsen ihre hohle Seite gegen die Bildmitte.

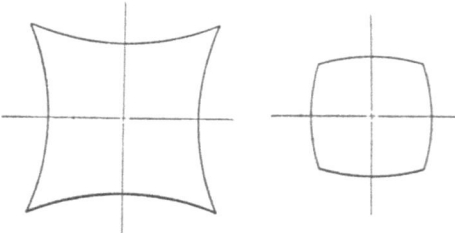

Abb. 35. Eine Erscheinungsform der Verzeichnung bei sammelnden zerstreuenden Brillengläsern.

Dieser Bildfehler bezieht sich also nicht auf die Deutlichkeit, sondern auf die Richtung der wahrgenommenen Gegenstände; er wird im allgemeinen als ein Schönheitsfehler angesehen werden können, und der Mehrzahl der Brillenträger wird er überhaupt nicht auffallen. Bei den vorliegenden punktuell abbildenden sphärischen Brillengläsern mäßiger Dicke läßt er sich nicht heben, und man kann nur sagen, daß er sich bei den Wollastonschen Formen etwas weniger bemerklich macht als bei den Brillengläsern Ostwaltscher Form.

Die Gullstrandschen Stargläser mit einer nicht-sphärischen Fläche. In einem früheren Abschnitt (S. 53) war darauf hingewiesen worden, welche Grenzen für die punktuell abbildenden sphärischen Einzelgläser bestehen. Wie man auf den ersten Blick sieht, sind diese Grenzen nach der Seite der Sammelgläser allein von Wichtigkeit. Zwar besteht auch nach der Seite der Zerstreuungsgläser eine Grenze, aber sie liegt jenseits von — 25 dptr und damit bei Scheitelbrechwerten, die für sehr hohe Grade von Kurzsichtigkeit gelten. Bei derartigen Fällen wird aber kaum die Hebung des Astigmatismus schiefer Büschel durch eine sphärische Einzellinse noch als ein großer Vorteil bemerkt werden, da die Sehschärfe solcher Augen stets merklich herabgesetzt ist. Wie gesagt, liegt der Fall ganz anders bei der Grenze nach der Seite der Sammelgläser, wo sie bei etwa + 8 dptr zu finden ist. Allerdings wird ein solcher Wert von Fehlsichtigen mit angeborener Übersichtigkeit selten erreicht werden, aber die große Klasse der Linsenlosen wird hier in Betracht kommen und Gläser auch von höherer Brechkraft als + 8 dptr verlangen. Es werden dazu die ohne postoperativen Astigmatismus Geheilten gehören, die vor dem Eingriff keinen Hauptpunktsbrechwert gehabt haben, der noch etwas unter — 3 dptr herunterging.

Die Notwendigkeit, den Astigmatismus schiefer Büschel zu heben, wird in diesen Fällen um so gebieterischer sein, je weniger die ursprünglich gute Netzhautbeschaffenheit nach dem Eingriff geändert ist, denn durch die gewöhnliche Bewaffnung eines Starauges mit einem Sammelglase mäßiger Dicke ergibt sich erfahrungsgemäß eine ziemlich beträchtliche Vergrößerung des Netzhautbildes. Um sich diesen Sachverhalt klarzumachen, kann man in doppelter Weise vorgehen.

Es ist nicht zu erwarten, daß das Vollauge und das aus sammelndem Brillenglas und linsenlosem Auge zusammengesetzte System die gleiche Brechkraft haben. In der Tat ist das nicht der Fall, und Rechnungen mit dem Übersichtsauge zeigen, daß die Brechkraft im brillenbewaffneten linsenlosen Auge geringer, die Bildgröße auf der Netzhaut also größer ist. Daraus ergibt sich aber ohne weiteres, daß nach Maßgabe der Vergrößerung des Netzhautbildes die Sehleistung erhöht wird. Gegen eine solche Darstellung kann man zwar nichts einwenden, aber sie zeigt doch nur, daß man diese Aufgabe rechnerisch behandeln kann,

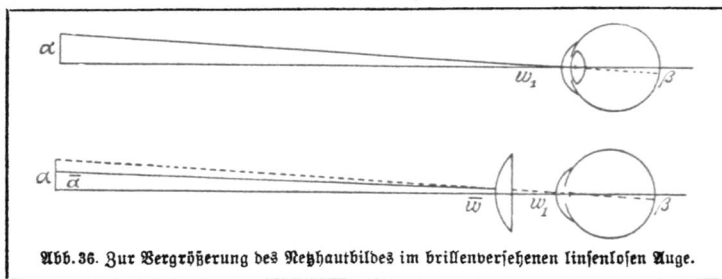

Abb. 36. Zur Vergrößerung des Netzhautbildes im brillenversehenen linsenlosen Auge.

und sie verwendet die Ergebnisse ohne Einsicht in den Gang der Rechnung.

Eine deutlichere Einsicht in den Grund der Erhöhung der Sehleistung kann man aus einer Überlegung entnehmen, die nach dem Vorgange des schwedischen Augenarztes K. Bjerke angestellt wird. Es sei der Einfachheit wegen ein rechtsichtiges Vollauge angenommen, und es werde in der Abb. 36 mit der Leistung des Hornhautsystems verglichen, um das es sich nach dem Eingriff noch handelt. Es gibt nun einen Punkt, das Zentrum der Kristallinse, dessen Tangentenverhältnis — soweit die Messungsgenauigkeit am Auge in Frage kommt — durch die Entfernung der Linse gar nicht geändert wird. Man betrachte nun einen unter dem Winkel ω' ihn durchsetzenden achsennahen Strahl, der die Netzhaut im Achsenabstande β durchstößt, so tritt er aus der Hornhaut unter dem Winkel ω_1 aus und scheint von einem 5,4 mm von dem Hornhautscheitel entfernten Punkt — dem scheinbaren Linsenzentrum — zu kommen. So weit stimmt der Strahlengang im Vollauge und im linsenlosen Auge überein.

Verfolgt man nun bei dem Vollauge den Strahl von der Neigung ω_1 weiter, so durchstößt er eine in genügender Entfernung — etwa 5 m — aufgestellte achsensenkrechte Ebene — etwa die Probetafel — in einem Achsenabstande α. Da nun ein rechtsichtiges Auge auf diese Entfernung eingestellt ist, so entspricht sich α und β als Ding und Bild, und $\frac{\beta}{\alpha}$ ist der Maßstab der Wiedergabe auf der Netzhaut.

Verfolgt man den Strahl von der Neigung ω_1 beim linsenlosen Auge unter den gleichen Umständen weiter, so wird an der Durchstoßung nichts geändert, aber das linsenlose Auge ist nicht auf die Probetafel eingestellt, und man kann also noch nicht von einer Abbildung reden. Um diese

Punktuell abbildende achsensymmetrische Brillen

herbeizuführen, werde eine Sammellinse von der erforderlichen Brechkraft D so vor das Auge gebracht, daß zwischen Hornhautscheitel und innerem Brillenscheitel ein Abstand von 12 mm bestehe. Diese Sammellinse wird unter allen Umständen die Neigung von ω_1 auf $\overline{\omega}$ herabsetzen, und der Strahl geringerer Neigung wird nun die Probetafel in einem kleineren Achsenabstande $\overline{\alpha}$ durchstoßen. Nunmehr wird man β und $\overline{\alpha}$ hinsichtlich des brillenbewaffneten linsenlosen Auges als Bild und Ding ansehen können, und man erhält in dem Maßstab der Wiedergabe $\frac{\beta}{\overline{\alpha}}$ einen Betrag, von dem sicher gilt

$$\frac{\beta}{\overline{\alpha}} > \frac{\beta}{\alpha},$$

und damit ist die Vergrößerung des Netzhautbildes im brillenbewaffneten linsenlosen Auge auf eine durchsichtigere Art bewiesen.

Wird also durch die gewöhnlichen Stargläser die Sehleistung linsenloser Augen gesteigert, so ist die Hebung des Astigmatismus schiefer Büschel auch von besonderer Bedeutung, und es entsteht die Frage nach dem Mittel dazu, wo eben die Durchbiegung allein nicht ausreicht. Man muß auf jeden Fall von der Voraussetzung sphärischer Einzelgläser abgehen. Die erste von dem Pariser Augenarzte H. Parent hervorgehobene Möglichkeit besteht darin, statt eines einzelnen zwei dicht hintereinander gestellte sphärische Gläser zu verwenden. Mit diesem Mittel läßt sich tatsächlich viel gegen den Astigmatismus schiefer Büschel tun, aber es soll hier darum nicht näher besprochen werden, weil die Brillenfassung eines solchen Glaspaares umständlich und teuer, die Haltbarkeit bei gewöhnlicher Sorgfalt aber außergewöhnlich gering sein würde. Die zweite Möglichkeit hält an dem Einzelglas fest, gibt ihm aber eine nicht-sphärische Grenzfläche und vermeidet damit die soeben erwähnten Schwierigkeiten beim Gebrauch. Um den Augenarzt zu ehren, der zuerst auf diese Möglichkeit hinwies, hat die Jenaer Werkstätte solche Starlinsen eigener Berechnung unter dem Namen der Gullstrandschen Starlinsen (Katralgläser) eingeführt.

Die Natur nicht-sphärischer Flächen. Bevor die Ergebnisse der Gullstrandschen Starbrillen besprochen werden können, muß das Wesen einer nicht-sphärischen Fläche näher erläutert werden. Es wird darunter eine Umdrehungsfläche verstanden werden, die in einer gesetzmäßigen Weise von einer gewissen Kugelfläche (der Scheitelkugel) abweicht. Da hier zunächst nur geringe Abweichungen zwischen diesen beiden Flächen

vorkommen, so hat man auch nach der Art der Herstellung von sphä=
roidischen oder deformierten Flächen gesprochen, doch ist die Be=
zeichnung nicht=sphärische Fläche vorzuziehen, weil sie allgemeiner ist.
Für den Zweck dieser Schrift kann man sich darauf beschränken, die
nicht=sphärischen Flächen durch Auftragung von Glas auf eine Kugel=
fläche (Scheitelkugel)
entstanden zu denken.
Diese Auftragung ist
nach Abb. 37 in der
Nähe des Scheitels
gering, nimmt aber
gegen den Rand hin
sehr merklich im Ver=
hältnis zu, obwohl
die ziffernmäßigen

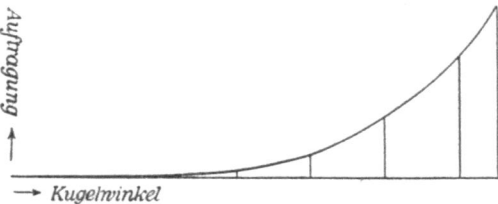

Abb. 37. Eine deutlichkeitshalber überhöhte Darstellung der Auftragung auf die Scheitelkugel.

Beträge der Auftragung immerhin recht gering bleiben. Dabei flacht sich
nach Abb. 38 die Krümmung der Randteile ab, wenn es sich um eine sam=
melnde, und vertieft sich nach Abb. 39, wenn es sich um eine zerstreuende
Fläche handelt, und zwar sind, dem vorigen entsprechend, die Krüm=
mungsänderungen in der Mitte ganz unbedeutend, am Rande aber merk=
lich. Wie man an den Abb. 38 und 39 sieht, ist mit solcher Auftra=
gung trotz ihrem geringen Betrage eine endliche Änderung der Rich=
tung des Flächenlots verbunden, die um so größere Werte annimmt,
je mehr man sich dem Rande nähert. Als Beispiel sei angeführt, daß

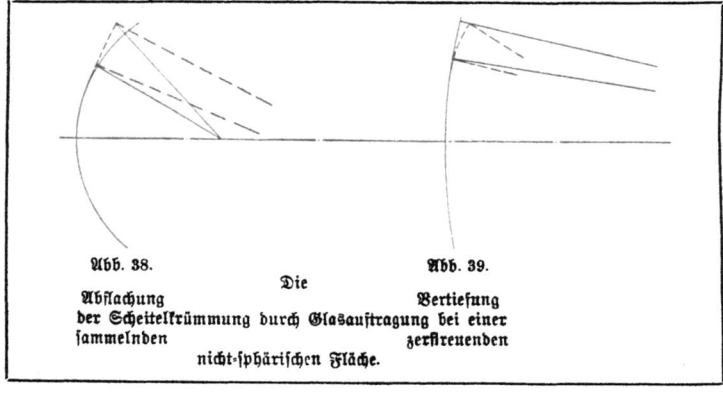

Abb. 38.   Abb. 39.
                         Die
Abflachung   Vertiefung
der Scheitelkrümmung durch Glasauftragung bei einer
sammelnden   zerstreuenden
                nicht-sphärischen Fläche.

bei einem Starglas von $A_{-25} = 12$ dptr die Auftragung auf die innere Hohlfläche am Rande nur den Betrag von $160\,\mu$ erreicht, während der Halbmesser der Scheitelkugel 140 mm beträgt. Selbstverständlich muß ein solches Glas ganz außerordentlich genau ausgeführt werden, wenn die durch die Rechnung bestimmte Wirkung in der Wirklichkeit auch eintreten soll, und es bleibt ein Verdienst von O. Henker, dies zuerst für die Herstellung in größeren Mengen und zu erschwinglichen Preisen erreicht zu haben. Die Richtung des Flächenlots wird dabei am Rande um $2,14^0$ geändert; es ist das kein geringer Betrag, da der zugehörige Kugelwinkel der Scheitelkugel nur $6,87^0$ beträgt.

Die Gullstrandschen Fern- und Nahbrillen für Linsenlose. Eine derartige einem bestimmten Gesetz gehorchende Glasauftragung auf eine Fläche ist nun ein außerordentlich wirksames Mittel. Man kann durch Sammellinsen mit einer solchen nicht-sphärischen Fläche den Astigmatismus schiefer Büschel für einen endlichen Winkel w' auch dann heben, wenn es sich um eine $+ 8$ dptr weit übersteigende Brechkraft handelt. Irgendeine Grenze für die Brechkraft läßt sich, soweit die bei Augenleidenden vorkommenden Linsen in Betracht kommen, überhaupt nicht angeben. Nebenbei sei darauf aufmerksam gemacht, daß auch die Verzeichnung bei diesen asphäro-sphärischen Brillengläsern vermindert werden kann. Sie ließe sich sogar heben, doch wird man dann auf eine so starke Durchbiegung geführt, daß die Linse sehr schwer wird und zugleich ein sehr auffälliges Aussehen erhält. Aus diesem Grunde begnügt man sich mit Verminderung der Verzeichnung. Die Krümmung des Blickfeldes einer solchen asphäro-sphärischen Starbrille läßt sich nach der bereits oben auf S. 54 angegebenen Gleichung berechnen; sie fällt, wie es nach den allgemeinen Gesetzen sein muß, für die meisten Starbrillen zu klein aus, doch wird diese Abweichung von der Kugelfläche, auf die sich der deutlich wiedergegebene Dingraum des blickenden linsenlosen Auges beschränkt, zu einem gewissen Teile durch die Tiefe der Abbildung verdeckt. Die Zonen der Punktabbildung sind gering.

In der oberen Gruppe I der beigegebenen Tafel finden sich in den mit c und d bezeichneten Kolonnen verschiedene bei grünem Licht gemachte Vergleichsaufnahmen durch ein bikonvexes Starglas von 13 dptr (c) und durch ein entsprechendes Katralglas (d), wobei wiederum der beim tatsächlichen Gebrauch eintretende Strahlengang genau wiederholt wurde. Wie auf S. 52 ist der Vergleich auch hier für augenseitige Hauptstrahlneigungen von 0^0, 10^0, 20^0, 30^0 durchgeführt, und man erkennt noch deutlicher als im vorigen Falle, daß die beiden Gläser nur in der Achsenrichtung Gleiches leisten. Der Unterschied ist schon bei 10^0 merklich, und bei einer Augendrehung von 20^0 ist die Erkennung selbst gröberer Schriftproben durch das alte Starglas unmöglich geworden.

Was die Nah- und Lesebrillen für Linsenlose angeht, so sei darauf hingewiesen, daß bei den hier in der Regel vorliegenden Linsen hoher Brechkraft nicht einfach Starlinsen höherer Brechkraft genommen werden dürfen, die für die unendlich ferne Ebene vom Astigmatismus schiefer Büschel frei sind, sondern man muß vielmehr bei den Nah- und Lesebrillen Linsenloser zu besonderen Systemen greifen, bei denen der Astigmatismus schiefer Büschel für einen bestimmten Dingabstand gehoben ist. Nach dem Straßburger Gelehrten E. Hertel empfiehlt es sich, als Abstand vom Brillenglase etwa 25 cm zu wählen. Bei einem solchen verhältnismäßig geringen Abstande rechnet man eben damit, daß eine beträchtliche Anzahl linsenloser Augen nur noch eine geringe Sehschärfe hat und die Gegenstände bei der Arbeit in beträchtlicher scheinbarer Größe zu sehen wünscht. Falls also dieser Dingabstand verordnet wird, ist es nicht nötig, die Brechkraft des Leseglases in Dioptrien vorzuschreiben, sondern es genügt, die Brechkraft des für das betreffende Auge passenden Fernbrillenglases mitzuteilen.

Die Tragrandgläser. Es ist leicht einzusehen, daß bei den Stargläsern das Gewicht eine große Rolle spielen wird. Die Mitteldicke von Sammelgläsern muß mit wachsender Brechkraft zunehmen, wenn stets derselbe Linsendurchmesser gefordert wird; nebenbei aber hängt die Mitteldicke auch von der Linsenform, und zwar in der Weise ab, daß sie mit wachsender Durchbiegung zunimmt. Die hierdurch geschaffenen Schwierigkeiten sind nicht unbeträchtlich; es erhalten nämlich die Fern-, besonders aber die Arbeitsgläser von Linsenlosen ein recht großes Gewicht, das bei einer unzweckmäßig gestalteten Brücke von manchen Nasen nicht ertragen wird. Das wirksamste Mittel liegt in einer Verkleinerung des Glasdurchmessers, es hat aber unweigerlich eine Einschränkung des Blickfeldes zur Folge. Indessen verschmäht man dieses Mittel in erster Linie nicht deswegen, sondern im Hinblick auf das gute Aussehen des Trägers — also aus Schönheitsgründen, die eben für viele Brillenträger ein hohes Gewicht haben. Man hat sich nun so zu helfen gewußt, daß man die zur Gewichtsverminderung notwendige Verkleinerung des Glasdurchmessers auf den optisch wirksamen Teil beschränkte, dabei aber eine dünne, optisch unwirksame Trägerschicht vorsah, durch die das Glas in einer

Punktuell abbildende achsensymmetrische Brillen 67

Fassung gewohnter Größe gehalten wurde. Man konnte um so eher in dieser Weise vorgehen, als bei den alten Glasformen die weggefallenen Randteile infolge starken Astigmatismus schiefer Büschel doch keine deutliche Wahrnehmung vermitteln konnten. Die Formen dieser Gläser werden durch die übrigens nur zu ungefährer Veranschaulichung dienenden Achsenschnitte der Abb. 40 ausreichend verdeutlicht werden. Man stellte sie zunächst durch Einkitten her, später auch durch Schleifen und führt sie unter der Bezeichnung Tragrand= (Lentikular=) Gläser.

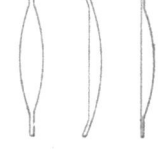

Abb. 40. Die Trägerschicht bei Sammellinsen.

Es darf nicht vergessen werden, daß die Voraussetzungen bei den punktuell abbildenden Katralgläsern geändert sind: hier fallen bei der Verkleinerung des optisch wirksamen Teils durchaus brauchbare Gebiete des Blickfeldes fort, und wenn auch eine Herstellung der Gullstrandschen Starbrillen mit einer Trägerschicht (also in der Form von Tragrandgläsern) möglich ist, so soll sie doch nicht empfohlen werden. Es ist vielmehr anzuraten, durch eine zweckmäßige Brückenwahl das größere Gewicht dieser Gläser von ausgedehnterem Blickfelde mit einer größeren Tragfläche auf der Nase aufruhen zu lassen und dadurch leichter erträglich zu machen. Bei der Besprechung der Brillengestelle wird darüber eingehender zu handeln sein. Die Einschränkung des Blickfeldes auf einen kleineren Winkel, als der durch das Gebiet der punktuellen Abbildung bestimmt wird, kann namentlich bei Sammellinsen höherer Brechkraft nicht empfohlen werden. An und für sich schon wird unter diesen Umständen das dingseitige Blickfeld auf einen Bruchteil des augenseitigen eingeschränkt, und es scheint daher nicht zum Vorteil des Brillenträgers zu dienen, aus äußeren Gründen diesen Teil noch weiter zu vermindern; vielmehr läßt sich die Brücke sehr wohl so gestalten, daß ein Starglas auch ertragen wird, wenn sein optisch wirksamer Teil einen Durchmesser von annähernd derselben Größe hat, die bei Gläsern geringerer Brechkraft vorkommt.

Die farbenfreien Brillengläser. Es bietet sich nunmehr die Gelegenheit, auf die Farbenfehler der Brillengläser einzugehen. Zunächst bedarf es dazu einer Erklärung, denn es wird noch keinem Beobachter ein Gegenstand farbig erschienen sein, der etwa durch eine richtig benutzte Probierbrille hindurch beobachtet wurde, obwohl dabei nach der Lehre vom Licht die verschiedenfarbigen Strahlen eines unendlich entfernten Achsenpunkts in den verschiedenen farbigen Brennpunkten des

68 II. Die Brillengläser

Brillenglases vereinigt werden. Der Grund für das Übersehen dieses Fehlers liegt daran, daß das Auge eben kein vollkommenes optisches Instrument darstellt, sondern selbst mit farbigen Abweichungen behaftet ist; es ist, wie man sich in der Optik ausdrückt, ein chromatisch unterkorrigiertes System. Da nun die Brechkraft des optischen Systems im Auge mit 58,64 dptr die eines jeden Brillenglases weit übertrifft, so gilt das auch für seine farbige Längsabweichung, und es wäre verfehlt, etwa im gewöhnlichen Sinne farbenfreie Brillen zu empfehlen. Wiederum ist es der schwedische Gelehrte A. Gullstrand, dem man einen Fortschritt auf diesem Gebiete verdankt, und er hat die Notwendigkeit betont, die Neigungsverschiedenheit der farbigen Hauptstrahlen zu heben.

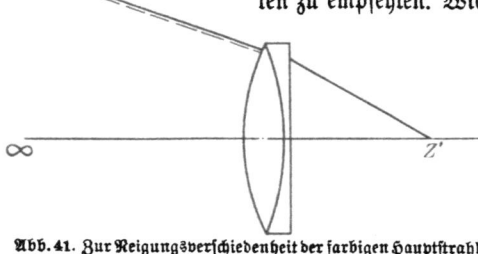

Abb. 41. Zur Neigungsverschiedenheit der farbigen Hauptstrahlen.

Man soll also die Anlage so treffen, daß dasselbe Ding vom Augendrehpunkt aus für alle farbigen Hauptstrahlen unter demselben Winkel w' erscheint. Man sieht leicht ein, warum das der Fall sein muß. Denkt man an das beim Blicken bewegte Auge, so erkennt man, daß auch bei weitester Seitendrehung der Blicklinie im freien Sehen keine anderen Farbenfehler enger Büschel auftreten können, als sie beim ruhenden Auge vorhanden waren, nämlich die farbige Längsabweichung auf der Augenachse. Bei einer Seitendrehung ist aber die Lage der Augenachse, die Richtung des Hauptstrahls, für alle Farben ungeändert, denn es wird ja das ganze System des Auges um seinen Drehpunkt bewegt. Es stellt sich mithin für die Hebung der Farben die obenerwähnte Notwendigkeit heraus, bei seitlichen Blickrichtungen den äußersten[1] farbigen Hauptstrahlen, die in der Rechnung berücksichtigt werden, die gleiche Richtung zu verleihen $w'_C = w'_F$.

Im Dingraum müssen diese beiden farbigen Hauptstrahlen durch den gleichen Punkt gehen, d. h. sie müssen parallel zueinander austreten, wenn

---

[1] Man hat sich daran gewöhnt, in der technischen Optik als äußerste Farben, die für Instrumente zur Unterstützung des Auges zu berücksichtigen sind, die Farben anzusehen, die durch die Fraunhoferschen Linien C (rot) und F (blau) angegeben werden.

Punktuell abbildende achsensymmetrische Brillen 69

der Gegenstand wie bei Fernbrillen in weiter Ferne angenommen wird. Diese Bedingung läßt sich mit einem aus zwei Bestandteilen (Kron- und Flintlinse) zusammengekitteten Brillenglas erreichen, und zwar kann es eine Form haben, wie sie in Abb. 41 dargestellt ist.

Im Gegensatz zu solchen farbenfreien stehen die gewöhnlichen einfachen Brillengläser, die, wie sich aus den Abb. 42 und 43 ergibt, dem blickenden Auge

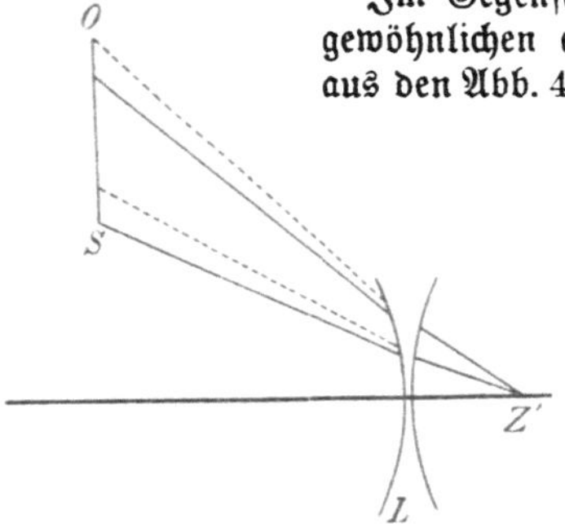

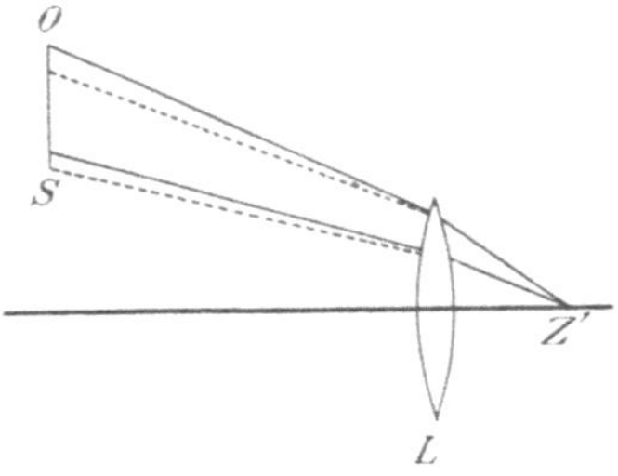

Abb. 42.   Abb. 43.

Anschauliche Darstellung der Farbensäume eines seitlich gelegenen schwarzen Gegenstandes SO
auf weißem Grunde für eine

Zerstreuungslinse   Sammellinse

sowie rote (———) und (·······) blaue Strahlen auf der Dingseite.
Die achsennahen Säume sind

rot   blau
            und die achsenfernen sind
blau   rot.

seitliche Gegenstände mit farbigen Säumen zeigen, mit Farbenerscheinungen, die bei sammelnden Linsen von entgegengesetztem Aussehen sind wie bei zerstreuenden. Man sieht leicht ein, daß bei Linsen von höherer Brechkraft diese Säume auffälliger sein müssen als bei solchen von niederer, und das ist auch der Grund, weshalb man bei gewöhnlichen Brillengläsern auf diese Farbenhebung vollständig verzichtet. Der Preis, den man dafür zu zahlen hat, ist zu hoch, da er in der Erhöhung des Gewichts liegt, die durch die Zusammensetzung aus zwei Teilen von entgegengesetztem Vorzeichen herbeigeführt wird. Bei Linsen mit besonders hoher Brechkraft, die für Augen mit gutem Sehvermögen bestimmt sind, könnte man allerdings mit Vorteil farbenfreie Systeme verwenden, dafür kämen in erster Linie Stargläser in Frage, aber mit Rücksicht auf eine möglichst geringe Gewichtssteigerung wird man auch hier meistens mit den einfachen Katralgläsern auszukommen suchen.

Die Fernrohrbrillen. Geht man nun zu den verwickelteren Formen über, die in der Brillenlehre vorkommen, so sind die aus zwei getrennten Gliedern bestehenden Brillen zu nennen, und zwar in erster Linie die Fernrohrbrillen. Man kann hier genau wie bei den einfachen Brillen Fern-, Nah- und Lupenbrillen unterscheiden, allerdings wird hier wie dort das Hauptinteresse durch die Fernrohrfernbrillen erschöpft, die zunächst besprochen werden mögen.

Die Fernrohrfernbrillen sind zunächst, bereits im Ausgang des 18. Jahrhunderts, für hochgradig kurzsichtige Personen vorgeschlagen worden, ohne indessen weitere Verwendung zu finden. Als diese Anlage dann in neuester Zeit auf Anregung des Straßburger Gelehrten E. Hertel von dem Hause Carl Zeiß aufgenommen wurde, handelte es sich im wesentlichen darum, hochgradig kurzsichtigen Augen durch eine Brille die gleiche Erhöhung der Sehleistung zu schaffen, die ihnen sonst bei gutem Ausgange durch die Jukalasche Linsenentfernung (S. 14) zugänglich geworden wäre. Die Steigerung der Netzhautbildgröße erfolgt hier durch die eigentümliche Lage, die man den Hauptpunkten der Fernrohrbrille bei geeigneter Verfügung über die Einzelheiten der Anlage geben kann. Scheitelbrechwert A_∞ und Brechkraft D_{12} fallen bei der Fernrohrbrille weit auseinander, und es mag zur Erläuterung bemerkt werden, daß in dem Falle der Abb. 17 auf S. 37

$$A_\infty = -18,2 \text{ dptr}, \quad \text{dagegen} \quad D_{12} = -11,4 \text{ dptr}$$

gilt; dabei fällt der hintere Hauptpunkt H'_{12} der Brille 19,2 mm hinter den vorderen Augenhauptpunkt H. Es ergibt sich also eine ganz andere Anordnung dieser wichtigen Punkte als die ist, die bei dünnen Brillen vorliegt, und die hier wichtige Folge ist die, daß die Netzhautbildgröße sehr merkbar gesteigert wird. Je nach der geringeren oder größeren Brechkraft der Einzelglieder ergibt sich in abgerundeten Werten ein Zuwachs der Netzhautbildgröße von 30, 50 oder 80%. Weiter als bis zu 100%, also zu einer zweifachen Vergrößerung, wird man kaum gehen, weil man sonst Klagen über das große Gewicht der Fernrohrbrillen hören würde. Selbstverständlich weicht auch, wie man aus der Abb. 44 entnehmen kann, das Äußere einer solchen Brille wesentlich von dem einer gewöhnlichen dünnen Brille ab, doch besteht kaum eine Möglichkeit, eine solche Anlage weniger auffällig zu machen.

Wenn davon gesprochen wurde, daß das Haus Carl Zeiß die Herstellung dieser Brille aufnahm, so lag die Hauptschwierigkeit sicher nicht in einer solchen Bestimmung der Zusammensetzung, daß eine bestimmte Vergrößerung des Netzhautbildes erfolgte, sondern in einer zweckmäßigen Hebung der Fehler schiefer Büschel. Daß diesem wichtigsten Punkte früher nicht die gehörige Aufmerksamkeit geschenkt wurde, kann man wohl daraus ersehen, daß bis in die neueste Zeit Vorschläge aufgetaucht sind, die Fernrohrbrillen mit einem veränderlichen Luftabstand zu versehen. So bequem eine solche Einrichtung auch für die Anpassung an den vorliegenden Grad von

Abb. 44. Eine Fernrohrbrille für Kurzsichtige hohen Grades.

Fehlsichtigkeit wäre, so ist sie durchaus unvereinbar mit der wichtigeren Forderung punktueller Abbildung im ganzen Blickfeld. Es sei also stets an einem bestimmten Abstande der beiden Einzelglieder festgehalten. Unter diesen Umständen läßt sich durch eine geeignete Durchbiegung der beiden Glieder zunächst der Astigmatismus schiefer Büschel für einen endlichen Drehungswinkel w' heben. Die Strahlenvereinigung längs Hauptstrahlen von geringerer Schiefe ist dann aber nicht von vornherein ebenfalls frei vom Astigmatismus schiefer Büschel, vielmehr können bemerkbare Zwischenfehler (astigmatische Zonen) auftreten, wenn der äußerste Drehungswinkel zu groß gewählt wurde.

Die Darstellung des Astigmatismus erfolgt hier auf dieselbe Weise, die für diesen Fehler bei einfachen dünnen Linsen verwendet wurde. Da aber bei den Fernrohrbrillen, entsprechend der auf S. 37 geschilderten Zusammensetzung aus zwei Systemen von großer Brechkraft, recht beträchtliche Einfalls- und Brechungswinkel auftreten, so wird hier nicht

von selbst der Astigmatismus schiefer Büschel für alle mittleren Blick=
richtungen unmerklich, wenn er für eine bestimmte äußerste verschwindet.
Es seien hier zwei Fälle dargestellt, von denen der erste sehr geringe
(in der Abbildung nicht darzustellende), der zweite schon beträchtlichere
Zwischenfehler aufzuweisen hat. Im ersten Falle (in Abb. 45) ist die
Vergrößerung des Netzhautbildes nur 1,3 fach, und man kommt mit
verhältnismäßig kleinen Brech=
kräften der Einzellinsen aus, im
anderen Falle (in Abb. 46) ist die
Vergrößerung höher, 1,8 fach, und
die Brechkräfte der zusammensetzen=
den Einzellinsen sind viel größer.

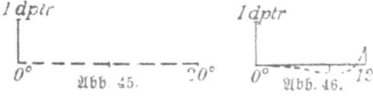

Zu den astigmatischen Zwischenfehlern bei
Fernrohrbrillen.

Dem entsprechen die Zwischenfehler des Astigmatismus schiefer Büschel.
Bestimmt man das Blickfeld nur so groß, daß die astigmatischen
Zwischenfehler unbemerkt bleiben, so ist seine augenseitige Ausdehnung
bei Fernrohrbrillen verschiedener Vergrößerung verschieden groß, und
zwar nimmt es mit wachsender Vergrößerung ab, eine Erscheinung, die
bei den verwandten holländischen Fernrohren seit langem bekannt ist.
Im einzelnen nimmt es von 40° bei 1,3 facher Vergrößerung bis auf
etwa 24° bei 1,8 facher ab. Es sei gleich hier bemerkt, daß für Blick=
felder dieser Größe das Gewicht der Fernrohrbrillen noch nicht zu groß
wird, als daß sie nicht mit den auf S. 96/97 zu beschreibenden Brillen=
gestellen noch getragen werden könnten.

Die Hebung der Fehler schiefer Büschel macht aber beim Astigmatis=
mus schiefer Büschel nicht halt, soweit es sich um Fernrohrbrillen handelt;
sie geht auch gegen die Verzeichnung vor, und es gelingt, auch diesen
Fehler zugleich mit dem Astigmatismus schiefer Büschel zu heben. Außer=
dem erweist es sich als möglich, die Neigungsverschiedenheit der farbigen
Hauptstrahlen zu vernichten, und man kann daher wohl sagen, daß die
Erweiterung der optischen Mittel, wie sie bei der Fernrohrbrille in den
zwei zusätzlichen Flächen und dem Abstand vorliegt, auch wirklich aus=
genutzt worden sei. Man wird die Hoffnung aussprechen können, daß
sich hochgradig kurzsichtigen Personen hier ein wichtiges Hilfsmittel biete,
vorausgesetzt nur, daß die Veränderungen des Augenhintergrundes
nicht zu weit vorgeschritten seien.

Die Fernrohrbrillen für Augen mit geringer Fehlsichtigkeit.
Bei dieser Gelegenheit sei darauf hingewiesen, daß in neuerer Zeit auf
die von verschiedenen Seiten gegebenen Anregungen hin auch Fernrohr=

brillen für Augen mit geringerer Fehlsichtigkeit hergestellt worden sind, sei es zu ständigem, sei es zu gelegentlichem Gebrauch (wie beispielsweise im Theater und in Gemäldesammlungen). Auch in solchen Fällen muß der Träger seine Fehlsichtigkeit genau feststellen lassen. Je geringer sie ausfällt, um so näher steht das System der Fernrohrbrille einem holländischen Fernrohr von 1,8facher Vergrößerung. Für Rechtsichtige unterscheidet es sich von einem solchen nur durch seinen Aufbau, bei dem die Rücksicht auf die Gewichtsverminderung an erster Stelle steht. Aus diesem Grunde sind die Mittel zur Aufhebung der farbigen Neigungsverschiedenheit der Hauptstrahlen nicht an der großen Sammellinse, sondern an der kleinen augennahen Zerstreuungslinse angebracht worden. Die starken Krümmungen, auf die man bei diesem Vorgehen kommt, schaden hier — anders als bei einem holländischen Fernrohr — nicht so sehr, weil das Brillengestell so eingerichtet werden kann, daß der Augendrehpunkt zu dem optischen System die richtige Lage einnimmt.

Freilich muß bei der Anpassung einer solchen Fernrohrbrille mit nahezu doppelter Vergrößerung auch sorgfältig darauf geachtet werden, daß die Augendrehpunkte des Beobachters an die bei der Rechnung angenommenen Stellen fallen, mit anderen Worten, daß sie zentrisch liegen und den vorgeschriebenen Abstand vom augennahen Brillenscheitel haben. Diese Bedingung führt, wie (S. 49) gezeigt wurde, auf einen Durchschnittsabstand von 12 mm zwischen dem augennahen Brillenscheitel und dem Hornhautscheitel des gerade voraus blickenden Auges. Die nebenstehende Abb. 47 läßt den Aufbau einer solchen für Rechtsichtige bestimmten Linsenfolge erkennen. Astigmatismus schiefer Büschel, Verzeichnung und Farbenfehler treten bei diesem System in dem ganzen augenseitigen Blickfelde von etwa 30° nicht störend auf. Man sieht ein, daß die Krümmungen namentlich an der Zerstreuungslinse ziemlich stark sind, so daß die Berücksichtigung der Lage der Augendrehpunkte als notwendig erkannt wird. Wenn auf diese Weise sehr leichte Systeme etwa zweifacher Vergrößerung mit verhältnismäßig

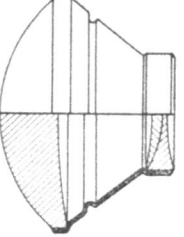

Abb. 47. Eine Fernrohrfernbrille für mäßig fehlsichtige Augen in etwa natürlicher Größe.

großem Blickfelde hergestellt werden können, so ist für die Gewichtsverminderung eben ein gewisser Preis zu zahlen, und zwar besteht er in einer Erhöhung der auf die Anpassung zu verwendenden Sorgfalt.

Mit Rücksicht auf das Aussehen werden solche Fernrohrbrillen für Augen mit geringerer Fehlsichtigkeit nicht nur als eigentliche Brillen sondern auch als Stielbrillen (S. 100) angeboten. Es ist aber Gewicht auf ausreichende Anlageflächen zu legen, die die richtige Lage der beiden Augendrehpunkte verbürgen.

Die Fernrohrnahbrillen. Die Fernrohrfernbrillen wird man nur bei jungen Personen und bei schwachen Vergrößerungszahlen auch zum Lesen verwenden können, da die Änderung der Akkommodationsbreite durch eine Fernrohrbrille viel beträchtlicher ist als durch eine gewöhnliche dünne Brille, und zwar liegt diese Änderung stets im Sinne einer Steigerung der Akkommodationsanstrengung. Man wird daher zu besonderen Arbeitsbrillen greifen müssen, für die zunächst der Dingabstand s und der Scheitelbrechwert A_s vorgeschrieben ist.

An und für sich ist es ohne weiteres möglich, für einen gegebenen Wert von A_s eine Fernrohrnahbrille zu berechnen, sobald die Vergrößerung des Netzhautbildes vorgeschrieben wird. Für die Vergrößerung kann eine Zahl unter 1,8 bis 2,0 gewählt werden, und es wird verständlich sein, daß hier der Durchmesser des dingseitigen Blickfeldes mit steigender Vergrößerungszahl abnimmt. Die Gründe sind die gleichen wie bei der vorher erläuterten Abnahme des augenseitigen Blickfeldes. Es sei darauf hingewiesen, daß zweckmäßigerweise auch bei Fernrohrnahbrillen akkommodiert werden soll, und zwar kann ein ziemlich großer Bruchteil der noch verfügbaren Akkommodationsbreite (S. 19) dafür aufgewandt werden.

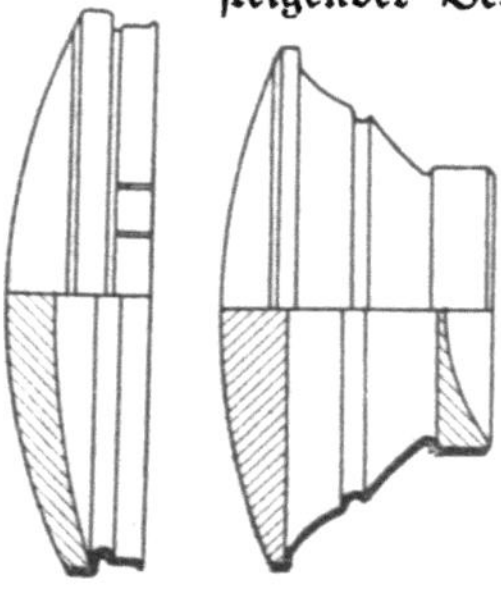

Eine gute Verwendung wird aber hier der Vorhänger finden können. Man braucht sich nur daran zu erinnern, daß der Vorhänger ganz im allgemeinen den Zweck hatte (S. 56), die Arbeitsfläche in die unendlich ferne Ebene abzubilden, worauf sie dann der Fernbrille zugänglich wird. Das gilt natürlich auch für die Fernrohrbrille, und man wird dieses Mittel um so lieber anwenden, als dadurch an Kosten gespart wird; es ist natürlich ein Aufsteckglas wesentlich billiger als eine vollständige Fernrohrnahbrille, und man kann durch zwei verschiedene Aufsteckgläser von geeigneter Brechkraft die Fernrohrfernbrille für zwei verschiedene Arbeitsentfernungen (etwa für

Abb. 48. Aufsteckglas a zur Fernrohrfernbrille b für Kurzsichtige hohen Grades.
In etwa natürlicher Größe.

Punktuell abbildende achsensymmetrische Brillen 75

Lesen und für Klavierspielen) geeignet machen. In der Regel wird der Vorhänger vor dem Sammelglas anzubringen sein, doch lassen sich auch Fälle denken, wo ein Zusatzglas hinter dem augennahen Zerstreuungsglas eingeschaltet wird.

Die Lupenbrillen aus zwei Bestandteilen von verschiedenem Vorzeichen. Auch für den Zweck der eigentlichen Lupenvergrößerung lassen sich die Systeme aus zwei Bestandteilen von entgegengesetztem Zeichen der Brechkraft verwenden. Sie haben dabei den Vorteil eines sehr großen freien Arbeitsabstandes, den man durch geeignete Wahl der Bestimmungsstücke so weit steigern kann, daß sich eine beidäugige Lupenbrille mittlerer Vergrößerung (zwei- bis allenfalls dreifach) für einen Arbeitsabstand von 25 cm hervorbringen läßt, wie sie etwa für Augenärzte von Wichtigkeit ist. Die hier gestellte Aufgabe greift auf ein Gebiet über, das eigentlich dem Lupenbauer gehört, und in der Tat ist dort schon seit langer Zeit (den vierziger Jahren des vorigen Jahrhunderts) eine Lupe mit großem freiem Arbeitsabstande unter dem Namen der Chevalier-Brückeschen Lupe bekannt geworden. Auch sie ist aus zwei Systemen, einem den Gegenständen zugewandten sammelnden und einem augennahen zerstreuenden, zusammengesetzt worden, doch hat man dabei meistens an Hand- oder Ständerlupen gedacht. Ein als Brille zu tragendes Lupenpaar konnte man so lange nicht mit Vorteil herstellen, als man an farbenfreien Objektiven festhielt, denn dadurch wurde das Gewicht viel zu groß. Erst als nach der Gullstrandschen Vorschrift die Sorge für die Farbenfreiheit solcher Systeme auf die Hebung der Neigungsverschiedenheit der farbigen Hauptstrahlen beschränkt werden konnte, vermochte man mit einer Gruppe einfacher Sammellinsen auszukommen und die gesamte Farbenhebung in die kleine und leichte Zerstreuungslinse zu verlegen, wie das in der Abb. 49 dargestellt worden ist. Das auf diese Weise punktuell abgebildete Gesichtsfeld der Lupenbrille kann auch noch bei dreifacher Vergrößerung einen Durchmesser erhalten, der für die Zwecke des Augenarztes ausreicht. In der Regel werden diese Hilfsmittel mit einer zweifachen Vergrößerung ausgeführt.

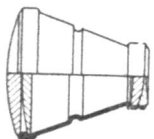

Abb. 49. Eine Lupenbrille aus zwei Bestandteilen. In etwa natürlicher Größe.

Es sei auch hier wieder auf die Sorgfalt hingewiesen, die der richtigen Anpassung zugewandt werden muß. Die Anlage ergibt sich aus Abb. 49, aus der man ersieht, daß das sammelnde Glied aus zwei einander genäherten Einzellinsen besteht, während das dem Auge zugekehrte zerstreuende Glied zum Zwecke der Farbenhebung (S. 69) aus einer Kron- und einer Flintlinse zusammengekittet ist.

Die Fernrohrlupen. Für Personen, die noch höhere Vergrößerungen des Netzhautbildes verlangen, müssen Hilfsmittel anderer Art gewählt werden, allerdings lassen sie sich ihres Gewichts wegen nicht mehr als Brillen ausführen. Man geht für solche Aufgaben nach der Abb. 50 von einem vier- oder sechsfach vergrößernden Prismenfernrohr aus, da sich seine geringe Länge und sein verhältnismäßig unbeträchtliches Gewicht wohl zu einer solchen Verwendung eignen. Ein inneres Aufsteckglas mit einer der Fehlsichtigkeit des Benutzers entsprechenden Brechkraft macht das Fernrohr zur Unterstützung dieses Augenkranken für ferne Gegenstände geeignet. Bringt man nun noch

Abb. 50. Eine Fernrohrlupe mit zwei Aufsteckgläsern, einem äußeren a (+ 3 dptr) und einem inneren b (−15 dptr).

ein je nach der Arbeitsentfernung gewähltes weiteres Aufsteckglas vor dem Objektiv an, so ist der Benutzer auch für nahe Gegenstände mit einem System starker Vergrößerung ausgerüstet. Im allgemeinen wird es sich hier wohl um die Unterstützung nur eines Auges handeln, doch steht nichts im Wege, diese Anlage als **Doppelfernrohrlupe** (Abb. 51) auch für Augenleidende mit beidseitig schwacher Sehkraft zu verwenden.

Die Doppelstärkengläser. Die Doppelstärkengläser haben den gleichen Zweck, dem auch die Vorhänger dienen, nämlich auf eine bequeme Weise dem Altersichtigen das Sehen in die Nähe und in die Ferne zu erleichtern. Sie werden heute dafür fast allein benutzt, da sie einmal eine große Bequemlichkeit bieten und ferner in unauffälliger Form hergestellt werden können. Diese größere Bequemlichkeit im Gebrauch wird bei den Doppelstärkengläsern dadurch erreicht, daß man den oberen Teil des Brillenglases mit der Brechkraft D_f für das Sehen in die Ferne, den unteren mit der Brechkraft D_n für das Sehen in die Nähe bestimmt. Zwischen den Brechkräften der beiden Glasteile muß also ein Unterschied

Punktuell abbildende achsensymmetrische Brillen

von einigen Dioptrien bestehen, der in der Regel $D_n - D_f \leq 4$ dptr, unter vier Dioptrien bleibt.

Dies ist eine Eigentümlichkeit aller Doppelstärkengläser, die in anderen Punkten mancherlei Verschiedenheiten erkennen lassen. Um einen Überblick über die verschiedenen Möglichkeiten zu erhalten, vergegenwärtige man sich, daß zwei Bedingungen vorliegen, die unvereinbar sind, so daß man sich zwischen ihnen zu entscheiden hat. Die Theorie fordert für das Bild einen sprunglosen Übergang vom Fern- zum Naheteil, während die Rücksicht auf das Aussehen Gewicht besonders darauf legt, daß die Sammelwirkung im Naheteil möglichst unauffällig angebracht sei. Für die Herstellung der Doppelstärkengläser sind

Abb. 51. Eine Doppelfernrohrlupe, bestehend aus einem Doppelfernrohr mit kleinem Objektivabstande und einer eigenartigen Aufstecklinse.

der Reihe nach mechanische Zusammensetzung, Verkittung, Aussparung, Anschliff, Verschmelzung in Betracht gekommen, worüber in dem Brillenbuch[1]) nachzulesen ist. Hier mag erwähnt werden, daß die ersten Doppelstärkengläser 1784 von Benjamin Franklin beschrieben wurden. Sie sind dann lange Zeit wenig verwandt worden, wenngleich sich eine Kunde ihres Bestehens stets erhalten hat. In neuerer Zeit hat man sich, namentlich in Amerika, um die Einführung von Doppelstärkengläsern bemüht und hat großen Anklang damit gefunden. Von den verschiedenen Herstellungsverfahren kommen heute nur noch Schleif- und Schmelzverfahren ernsthaft in Betracht.

Beschränkt man sich bei den Grenzflächen auf Kugeln, so kann man

---

1) Genaueres wolle man der Schrift von M. von Rohr, Die Brille als optisches Instrument, Leipzig 1911, W. Engelmann, (Graefe-Sämisch Handbuch der gesamten Augenheilkunde), S. 63—67; 139—142 entnehmen.

eine allgemeine Aussage machen. Da ein stetiger Übergang von zwei Flächen ineinander — und damit ein sprungloser Übergang der beiden von ihnen entworfenen Bilder — nur dort stattfindet, wo sie eine gemeinsame Tangente haben, und weil zwei Kugeln sich nur in einem Punkte berühren können, so folgt nach Abb. 52 für zwei einander in einem Punkte berührende Kugelflächen, daß für alle anderen Stellen zwischen beiden Flächen ein endlicher Höhenunterschied (eine Stufe) bestehen muß. Anders ausgedrückt heißt das: durch Schliff hergestellte Doppelstärkengläser mit kugeligen Grenzflächen sind nicht unauffällig, wenn sie an einer Stelle einen sprunglosen Übergang von dem Bilde des Fernteils zu dem Bilde des Naheteils haben. Ordnet man aber die beiden Kugelflächen so an, daß nirgendwo an der Grenze beider Flächen eine Stufe vorkommt, so ergibt sich, wie man aus der Abb. 53 ersieht, an jeder Grenzstelle ein Tangentenpaar mit endlichem Richtungsunterschied, d. h. ein endlicher Sprung beim Übergang von einem Bild zum anderen. Drückt man diese Erkenntnis noch etwas anders aus, so ergibt sich der Satz: durch Schliff hergestellte Doppelstärkengläser mit kugeligen Grenzflächen zeigen einen sprunghaften Übergang von einem Bilde zum anderen, wenn sie unauffällig aussehen.

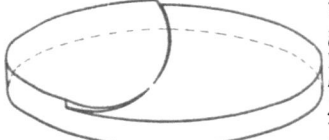

Abb. 52. Ein zerstreuendes Doppelstärkenglas mit einem Berührungspunkt der beiden Grenzflächen.

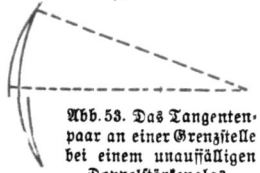

Abb. 53. Das Tangentenpaar an einer Grenzstelle bei einem unauffälligen Doppelstärkenglas.

Der Brechkraftsunterschied kann in doppelter Weise angebracht werden; entweder geht man, wie das bisher meistens üblich gewesen ist (z. B. bei den Uni-Bifo- und den Uni-Bifo-Luxe-Gläsern), von dem Fernglas aus, dann muß der Naheteil von einer um + 3 dptr höheren Brechkraft unten gleichsam aufgeschliffen werden wie in der Abb. 54, was sich nur durch eine umständliche und teure Herstellungsweise erreichen läßt. Solche Gläser werden allen Trägern gute Dienste leisten, die wie etwa Landwirte in der Hauptsache mit fernen Gegenständen zu tun haben, gelegentlich aber auch nahe Dinge betrachten wollen. Handelt es sich aber um Naharbeiter mit vermindertem Akkommodationsvermögen, so wird man wie in der Abb. 55 von ihrem Nahglase ausgehen und in seinem Oberteil eine zerstreuende Wirkung durch das viel billigere Einschleifen anbringen kön-

Punktuell abbildende achsensymmetrische Brillen 79

nen. Wenn der Naharbeiter dann gelegentlich (beim Gespräch, beim Umhergehen) aufsieht, so bedient er sich des kleineren Fernfeldes. In beiden Fällen wird man dabei zweckmäßig von der Form des Ost= waltschen Glases ausgehen, die für den Hauptteil des Doppel= stärkenglases gilt.

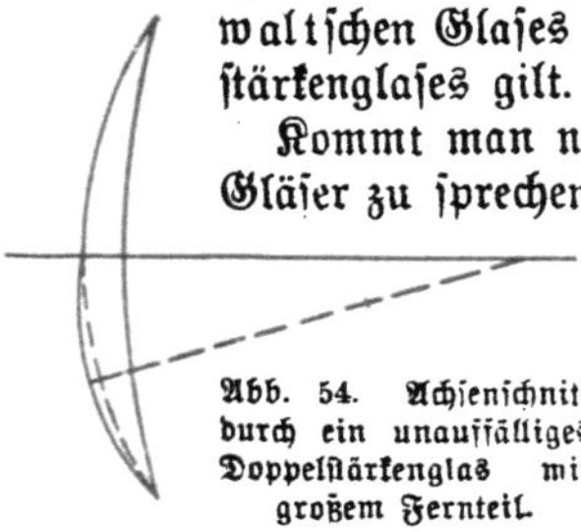

Kommt man nun auch noch auf die zusammengeschmolzenen Gläser zu sprechen, so sind bei diesen die Außenflächen einheit= lich bearbeitet, während wie in der Abb. 56 die zusätzliche Brechkraft des Nebenteils — anscheinend stets des Naheteils — durch ein Sammelglas von höherer Brechung — meist ein Flintglas — herbeigeführt wird. In den bekannt gewordenen Formen, z. B. den Kryp= tok=Gläsern, ist es dementsprechend im unteren Teile angebracht, und es zeigt sich also ein endlicher Sprung des Bildes an der prismatisch wirkenden Übergangsstelle. Für diese ebenfalls unauffällig wir= kenden Gläser sind verschiedene Herstellungsverfahren ausgearbei= tet worden, bei denen aber keine voll= kommene Form der inneren Grenz= fläche gewährleistet ist. Abgesehen von diesem Einwand muß auch noch auf den Umstand hingewiesen werden, daß bei solchen Doppelstärkengläsern sam= melnder Wirkung Farbenfehler da= durch eingeführt werden, daß am Naheteil ein Zer= streuungsglas aus Kron und ein Sammelglas aus Flint zusammen wirken. Daß die hier angedeuteten Fehler nicht mehr auffallen, liegt an der geringen Ausdehnung des durch den Naheteil bestimmten Blickfeldes: die Leistungsfähigkeit der durch Schliff hergestellten Gläser kann zweifellos größer aus= fallen, wenn sie richtig angelegt sind; in der Regel wird auch ihr Gewicht geringer sein.

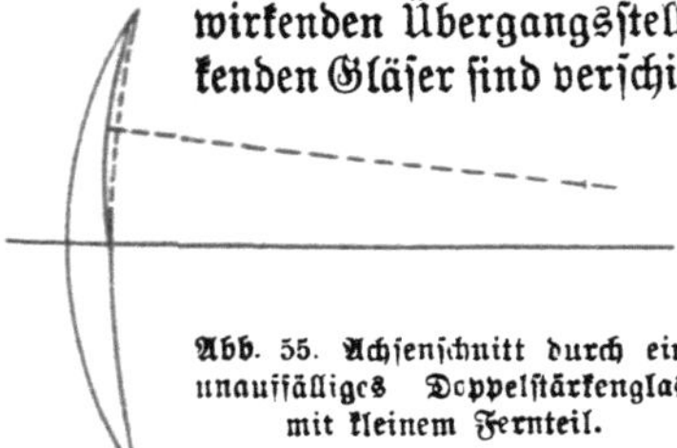

Abb. 54. Achsenschnitt durch ein unauffälliges Doppelstärkenglas mit großem Fernteil.

Abb. 55. Achsenschnitt durch ein unauffälliges Doppelstärkenglas mit kleinem Fernteil.

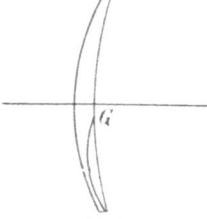

Abb. 56. Achsenschnitt durch ein zusammengeschmolzenes Doppelstärkenglas mit gro= ßem Fernteil.

Die prismatischen Brillen.

Entsprechend der geringeren Häufigkeit der prismatischen Brillen sollen sie auch oberflächlicher behandelt wer= den. Prismatische Brillen werden verordnet zur Bekämpfung von

80 II. Die Brillengläser

Stellungsfehlern des Auges (Schielstellungen); hier soll also die Richtung der Strahlen, zunächst etwa die der Augenachse, geändert werden. Das Mittel dafür ist das Prisma, und zwar im allgemeinen ein Prisma nicht mit ebenen, sondern mit kugeligen Grenzflächen; wichtig ist, daß es sich hier immer um ein System mit nur einer Symmetrieebene handelt. Sie liegt wagrecht, wenn die Abweichung der Augenachse von ihrer richtigen Stellung in der wagrechten Ebene vor sich geht.

Die Messung der Richtungsabweichung erfolgt nach verschiedenen Verfahren. Wohl das älteste, aber wissenschaftlich am wenigsten durchgebildete ist das nach dem brechenden Winkel des ausgleichenden Prismas. Eine solche Angabe ist darum unzweckmäßig, weil dann auch das Brechungsverhältnis des Glases eine Rolle spielt.[1]) Soll beispielsweise eine Ablenkung von 5° herbeigeführt werden, so entspricht ihr je nach dem Brechungsverhältnis n des Glases ein verschiedener Prismenwinkel α. Genauer ist für

$$n = 1{,}52 \quad \alpha = 9{,}6^0$$
$$n = 1{,}57 \quad \alpha = 8{,}7^0.$$

Da nun für den Träger der prismatischen Brille nur der Ablenkungswinkel von Bedeutung ist, so wird man zweckmäßig auch ihn messen.

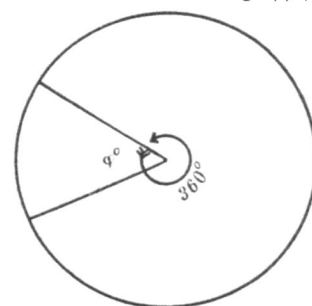

Abb. 57. Zur Umrechnung von Gradmaß in Bogenmaß.

Dafür verwendet man aber lieber nicht das Gradmaß, sondern besser das in der Mathematik übliche Bogenmaß, weil unter dieser Bezeichnung zwei verschiedene Maßsysteme (das nach Centradian und das nach Prismendioptrien) für die im allgemeinen eingehaltene Messungsgenauigkeit zusammenfallen. Es sei zunächst das Bogenmaß aus dem Gradmaß abgeleitet.

Stellt man sich nach Abb. 57 den in Bogenmaß gemessenen Winkel φ^0 als Zentriwinkel eines Kreises mit dem Radius $r = 1$ vor, so gehört zu ihm ein gewisser Bogen $\hat\varphi$, und es besteht das Verhältnis

$$\frac{\hat\varphi}{\varphi^0} = \frac{2\pi}{360^0} = \frac{\pi}{180^0},$$

---

[1]) Genaueres wolle man der auf S. 77 angeführten Schrift (S. 68—70) entnehmen.

weil die Bogenlänge dem Zentriwinkel entspricht; daraus ergibt sich aber die Gleichung

$$\hat{\varphi} = \frac{\pi}{180°} \varphi°,$$

die jene gesuchte Beziehung zwischen Bogen- und Gradmaß angibt. Der Einheit des Bogenmaßes entspricht der Winkel

$$\varphi° = \frac{180°}{\pi} = 57{,}296°,$$

den man als Radian bezeichnet.

Da aber dieser Betrag für die Zwecke der Brillenanpassung viel zu groß ist, so hat man für die Messung der Prismenwirkung 1891 auf Grund des Dennettschen Vorschlages den hundertsten Teil als Centradian (ctrd) eingeführt und bezeichnet die in Centradian gemessene Prismenwirkung mit

$$1 \text{ ctrd} = 0{,}573°.$$

Nach der obigen Bemerkung kann man für die Zwecke der Brillenverordnung, in der man kaum über

$$\Delta = 6 \text{ ctrd}$$

hinausgehen wird, den ctrd-Wert gleich dem in Prismendioptrien setzen.

Der üblichste Weg, zu einer vorgeschriebenen Prismenwirkung zu kommen, führt auf eine Dezentrierung des Augendrehpunkts gegen die Linsenachse, und man kann sich dafür die Regel merken, deren Beweis im Brillenbuch (S. 73) nachzulesen ist, daß jede Linse in 1 cm Abstand von der Achse eine Prismenwirkung von so viel Centradian hat, wie sie selbst Linsendioptrien aufweist.

Man erkennt also, daß im allgemeinen eine prismatisch wirkende Linse im schiefen Strahlengang benutzt wird; sie kann also im allgemeinen nicht frei vom Astigmatismus schiefer Büschel sein, selbst nicht für die Mitte des Blickfeldes, und sie ist es in der Regel auch nicht. Ist aber für diese bevorzugte Richtung der Astigmatismus schiefer Büschel gehoben, das Prismenglas also ein anastigmatisches, so fehlt jeder Anhalt darüber, wie weit sich die punktuelle Abbildung in das Blickfeld erstreckt.

Ein sehr gutes Mittel, diese gute Abbildung in einem großen Winkelbereich zu sichern, bietet die Verwendung der punktuell abbildenden Brillengläser Wollastonscher Form (S. 49). Diese Gläser haben ein ganz außerordentlich großes anastigmatisches Blickfeld, und man kann aus einer solchen Linse, wie es in Abb. 58 gezeichnet ist, ein seitliches

Gebiet herausschneiden, dem eine Abbildung ohne Astigmatismus schiefer Büschel, aber mit vorgeschriebener Ablenkung des Mittelstrahls eigen ist. Günstig ist ferner, daß infolge des annähernd senkrechten Durchtritts der Hauptstrahlen durch die Vorderfläche eine Schicht der prismatischen Linse auf einer Kugelfläche um den Augendrehpunkt liegt, so daß also ein solches prismatisches Brillenglas mit punktueller Abbildung möglichst wenig auffällig ist. Genaueres über diese Anlage ist aus dem Brillenbuch (S. 74—79) zu entnehmen.

In Gruppe III der Tafel sind durch photographische Aufnahmen bei grünem Licht zwei prismatische Gläser von $D_1 = -6$ dptr und

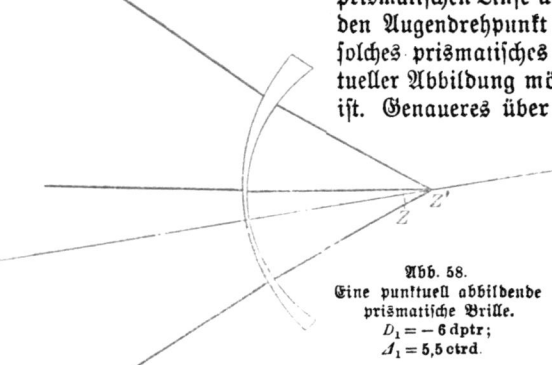

Abb. 58.
Eine punktuell abbildende prismatische Brille.
$D_1 = -6$ dptr;
$\Delta_1 = 5{,}5$ ctrd.

$\Delta_1 = 5{,}5$ ctrd miteinander verglichen worden, wobei wiederum der beim tatsächlichen Gebrauch eintretende Strahlengang genau wiederholt wurde. Die Kolonnen a und b gelten für ein dezentriertes Bikonvavglas, die Kolonnen c und d für ein prismatisches Glas, das aus einer punktuell abbildenden Linse Wollastonscher Form herausgeschnitten worden ist. Die Kolonnen a und c geben augenseitige Neigungen innerhalb der Ebene prismatischer Wirkung, und zwar liegen sie auf der Seite der stärkeren Ablenkung. Die Kolonnen b und d geben augenseitige Neigungen in einer zu der vorigen senkrechten Ebene. Während die Aufnahmen unter a und b eine mit größerer Neigung immer schlechtere Strahlenvereinigung erkennen lassen, unter sich aber Unterschiede zeigen, sind die unter c und d stehenden Aufnahmen gleichmäßig gut, welches auch die augenseitige Hauptstrahlenneigung sein möge, denn auch hier gilt die Bezeichnung dieser Gläser als punktuell abbildender mit demselben Recht wie bei den allseitig symmetrischen Brillengläsern.

Die astigmatischen Brillengläser.

Der Astigmatismus des Auges. Wenn jetzt der Astigmatismus des Auges etwas eingehender behandelt werden soll, so kommt dieser

Abbildungsfehler im Auge dadurch zustande, daß eine oder mehrere Flächen des optischen Systems im Auge keine Umdrehungsflächen sind. Stellt man sich zunächst der Einfachheit wegen vor, daß die Vorderfläche der Hornhaut eine solche Form habe — sie sei beispielsweise wie ein dreiachsiges Ellipsoid gestaltet —, so entspricht auch im achsennahen Raum dem fernen Punkt kein einzelner Bildpunkt mehr, sondern es handelt sich um einen **astigmatischen** (punktlosen) Verlauf der Strahlen im Bildraum. In diesem Falle spricht man von **Hornhautastigmatismus**, und er ist auch die häufigste Ursache dieses Fehlers der Abbildung im Auge. Es kommt indessen auch **Linsenastigmatismus** vor, den man dann bei der gewöhnlichen Beobachtung mit dem Hornhautastigmatismus zusammen wahrnimmt, und zwar beschreibt man die gemeinsame Wirkung beider als **Totalastigmatismus**.

Da man zunächst annehmen wird, daß die nicht-sphärischen Flächen des Auges zur Augenachse symmetrisch stehen, so läßt sich in Abb. 59 eine anschauliche Darstellung des Strahlenverlaufs im achsennahen Gebiet dadurch in einfacher Weise gewinnen, daß man zwei plano-zylindrische Linsen von verschiedener Brechkraft so mit ihren Planflächen aneinander legt, daß sich die Achsenrichtungen der Zylinderflächen unter rechtem Winkel kreuzen. Man ersieht dann aus Abb. 59, daß eine ganz ähnliche astigmatische Entstellung auftritt, wie wir sie in Abb. 22 auf S. 42 kennen gelernt haben; nur insofern liegen die Verhältnisse hier einfacher, als das soeben behandelte System zwei Symmetrieebenen hat — auf der Zeichnung eine wag- und eine senkrechte — und der Hauptstrahl mit den Schnittlinien beider Symmetrieebenen zusammenfällt. Diese Symmetrieebenen sind die **Hauptschnitte** (S. 42) eines solchen astigmatischen Systems mit doppelter Symmetrie.

Es gibt mithin in dem ruhenden Auge zwei ebene Hauptschnitte, die sich senkrecht durchdringen, und in denen die senkrecht zueinander ver-

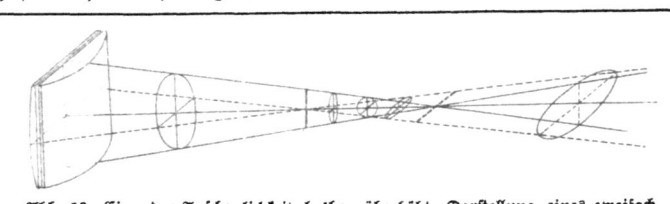

Abb. 59. Eine der Anschaulichkeit halber überhöhte Darstellung eines zweifach symmetrischen astigmatischen Strahlenbüschels.

laufenden Brennlinien liegen. Sucht man in einem jeden Hauptschnitt den Dingpunkt auf, dessen Brennlinie auf die Netzhautgrube fällt, so kommt man auf zwei verschiedene, von den Hauptpunkten H_t, H_f aus gemessene Dingabstände a_t, a_f, deren Kehrwerte

$$\frac{1}{a_t} = A_t; \quad \frac{1}{a_f} = A_f$$

in Dioptrien gemessen werden können; ihren Unterschied

$$As = A_t - A_f$$

bezeichnet man als Totalastigmatismus des Auges, und es sei hier bemerkt, daß die Fälle, wo für den Zahlenwert des Astigmatismus gilt
$$As \leq 4 \text{ dptr},$$
recht häufig sind. Größere Beträge kommen als angeborene Fehler ebenfalls, wenn auch seltener, vor. Ab und zu begegnet man ihnen auch nach der Linsenentfernung, wo man sie allgemein als Fälle von postoperativem (etwa Narben-) Astigmatismus bezeichnet.

Damit ist aber der Astigmatismus des Auges noch nicht erschöpfend gekennzeichnet, man muß auch noch wissen, welche Lage im Raum einer der beiden Hauptschnitte einnimmt, die Lage des anderen ist dann bestimmt, da er immer mit dem ersten einen rechten Winkel einschließt. Die Lage des ersten wird dadurch angegeben, daß man die Richtung in Gradmaß festlegt, die die Achse des ausgleichenden Zylinderglases gegen die Wagrechte einnimmt. Es gibt eine ganze Reihe von Möglichkeiten, um diese Lage durch die Gradzahl eines Winkels zu bestimmen, und sie haben alle ihre Verteidiger gefunden. Hier soll das internationale Schema angegeben werden, das im Jahre 1909 auf dem 11. internationalen Ophthalmologen-Kongreß zu Neapel angenommen wurde. Es sieht für jedes der beiden Augen eine besondere Stufenfolge

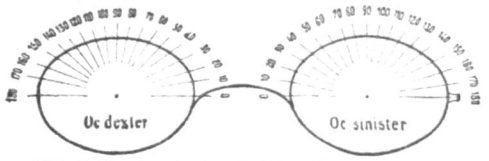

Abb. 60. Das internationale Schema für die Achsenangabe astigmatischer Gläser.

vor, die das Spiegelbild der anderen ist. Neuerdings aber wurde vorgeschlagen, dieselbe Teilung, das Tabo-Schema (nämlich den rechtsäugigen Teil des internationalen Schemas), für beide Gläser zu verwenden.

Der Astigmatismus, der beim astigmatischen Auge in der Augenachse selbst auftritt, kommt zwar von einem zweiseitig symmetrischen System,

Die astigmatischen Brillen

hat aber die gleichen Folgen wie der vorher behandelte Astigmatismus schiefer Büschel. Er wird ausgeglichen durch ein astigmatisches Brillenglas, nämlich ein System, das ebenfalls zweiseitig symmetrisch ist. Setzt man einen gewissen Abstand zwischen Hornhaut- und innerem Brillenscheitel voraus, so vermag man die hier in Betracht kommenden Werte $\mathfrak{E}_t, \mathfrak{E}_f$ anzugeben und damit in gewohnter Weise (S. 37) die Scheitelbrechwerte $A_{\infty t}, A_{\infty f}$ zu bestimmen, die in beiden Symmetrieebenen des astigmatischen Brillenglases zu erzielen sind, damit der unendlich ferne Punkt ohne Astigmatismus auf der Netzhaut abgebildet werde. Es versteht sich, daß genau die gleichen Rechnungen auszuführen sind wie für die achsensymmetrischen Brillengläser auf S. 34, nur ist die Geltung hier auf den einen Hauptschnitt beschränkt. Es wird ohne weiteres verstanden werden, daß hier wie dort nur die Brechkraft bestimmt wird, daß aber die Form des Achsenschnittes durch das Brillenglas für die Zwecke der Hebung seiner Leistung noch verfügbar bleibt.

Die astigmatischen Brillengläser gewöhnlicher Art. Man hat zunächst daran gedacht, die beiden Brechkräfte A_t und A_f dadurch an einem astigmatischen Brillenglase zu vereinigen, daß man es als ein Glas mit zwei gekreuzten Zylinderflächen mit eben diesen Brechkräften ausführte, kam aber früh von dieser Form ab zugunsten der sphäro-zylindrischen. Bei dieser gab man der sphärischen Fläche die Brechkraft A_t oder A_f und brachte auf der anderen Seite eine zylindrische Fläche von der Brechkraft $-As$ oder $+As$ an, wodurch man die vorgeschriebenen Brechkräfte erhielt:

$$A_t + 0 = A_t; \quad A_t - As = A_f \text{ und}$$
$$A_f + 0 = A_f; \quad As + A_f = A_t.$$

In den nachstehenden Abb. 64, 65 und 68, 69 sind solche sphäro-zylindrischen Gläser durch ihre beiden Symmetrieebenen gekennzeichnet.

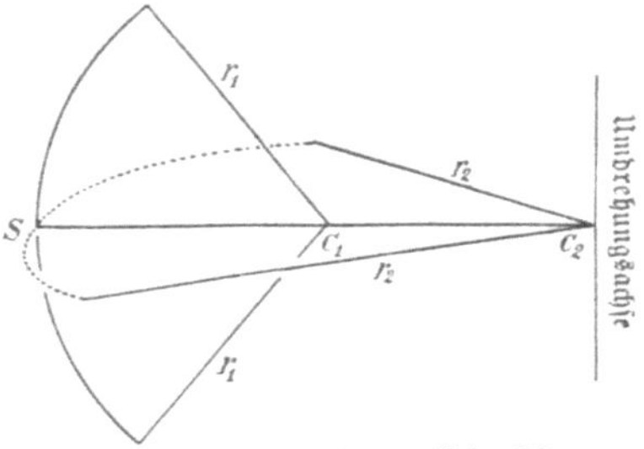

Abb. 61. Zur Beschreibung einer torischen Fläche.

Schließlich ist man noch auf sphäro-torische Formen übergegangen, ohne indessen bestimmte Regeln anzugeben, wann die einen und wann die anderen Formen mit Vorteil gebraucht werden könnten. Man versteht unter einer torischen (oder Wulst-) Fläche eine zweifach symmetrische Fläche, die dadurch entsteht, daß wie in Abb. 61 ein Kreisbogen um eine Achse läuft, die zwar in seiner Ebene, aber nicht durch seinen Mittelpunkt gezogen ist. Man kann also etwa wurstförmige (Abb. 62) von etwa tonnenförmigen (Abb. 63) torischen Flächen unterscheiden, je nachdem die Umdrehungsachse dem Scheitel ferner oder näher liegt als der Kreismittelpunkt. Die Verwendung torischer Flächen wird dann notwendig, wenn man auch die astigmatischen Linsen in ähnlicher Weise durchbiegen will, wie das bei den achsensymmetrischen Linsen zu guten Ergebnissen geführt hatte. Eine solche Durchbiegung astigmatischer Linsen führt auf **die astigmatischen Brillengläser zweckmäßiger**

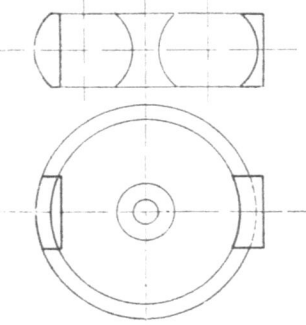
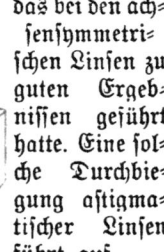

Abb. 62. Eine wurstförmige torische Fläche.
Oben: Ein Schnitt durch die Umdrehungsachse.
Unten: Ein Schnitt senkrecht zur Umdrehungsachse.
Eine perspektivische Darstellung plano-torischer Linsen von positiver und negativer Wirkung.

Durchbiegung. Für eine solche Durchbiegung lag bei den achsensymmetrischen Brillen der Grund vor, daß der Astigmatismus schiefer Büschel aufgehoben werden sollte, um auch für die Seitenteile des Blickfeldes eine Deutlichkeit zu schaffen, die nicht wesentlich hinter der im achsennahen Raum geltenden zurückstände. Diese Absicht liegt auch hier vor, und darum dient als Mittel zur Deutlichkeitssteigerung wiederum die Durchbiegung. Man muß sich nur klarmachen, daß von einem unbewaffneten astigmatischen Auge die Außendinge auf der Netzhaut überhaupt nicht abgebildet werden, und daß erst durch die Wirkung des Zylinders eine deutliche Abbildung auf dem gelben Fleck des ruhig gehaltenen Auges zustande kommt, wenn seine Blicklinie mit der Schnittgeraden der Symmetrieebenen, der Achse des astigmatischen Brillenglases, zusammenfällt. Da nun beim Gebrauch des Auges die bekannten Bewegungen um den Drehpunkt auftreten, die natürlich an dem Astigmatismus des Auges nichts ändern, so müßte man die Forderung aufstellen, daß der in einem astigmatischen Brillenglase entstehende Astigmatismus längs den Hauptstrahlen endlicher Neigung stets den gleichen

Zweckmäßig durchgebogene astigmatische Brillen

Betrag aufwiese wie in der Achse des Brillenglases, und daß die Lage der beiden Hauptschnitte im Raum stets die wäre, die das um einen endlichen Betrag gedrehte Auge verlange. Die durch das Blicken herbeigeführte Verlagerung der Hauptschnitte des Auges läßt sich auf Grund der Untersuchungen des Göttinger Gelehrten J. B. Listing angeben, wofür auf das S. 77 angeführte Brillenbuch (S. 82—83) verwiesen sei, doch würde eine solche Ableitung hier viel zu weit führen, und es sollen daher hier der Übersichtlichkeit halber die an das Brillenglas zu stellenden Anforderungen sehr merkbar erniedrigt werden.

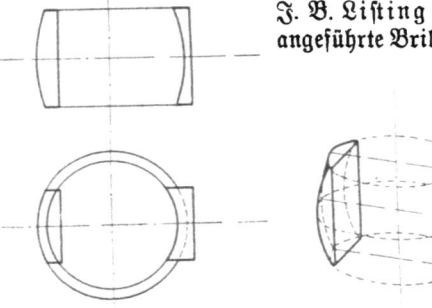
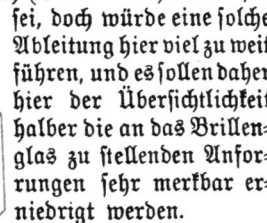

Abb. 63. Eine tonnenförmige torische Fläche.
Oben: Ein Schnitt durch die Umdrehungsachse
Unten: Ein Schnitt senkrecht zur Umdrehungsachse.
Eine perspektivische Darstellung plano-torischer Linsen von positiver und negativer Wirkung.

Es sei nur angenommen, daß sich die Blicklinie in den beiden Symmetrieebenen des Glases bewege, die mit der Lage der Hauptschnitte bei der Ruhestellung des Auges zusammenfallen. Diese vereinfachende Annahme hat dann zur Folge, daß sich bei der Bewegung des Auges die Ebene des einen der beiden Hauptschnitte gar nicht ändert, während die Lage des anderen in einer leicht übersichtlichen Weise zu bestimmen ist, denn er durchdringt ja immer die erstgenannte längs dem Hauptstrahl unter rechtem Winkel. Die Durchbiegung des Glases hat auch hier einen Einfluß auf seinen Astigmatismus schiefer Büschel, und zwar soll der Unterschied des Astigmatismus an der Randstelle einer jeden Symmetrieebene gegen den für die Achse vorgeschriebenen Betrag nach E. Weiß der astigmatische Fehler dieser Symmetrieebene (Y_1 oder Y_2) heißen. Die Einsicht in die Wirkung der Durchbiegung ist heute dank den Arbeiten der Fachgelehrten H. Boegehold, J. Spanuth und E. Weiß viel besser als noch vor einigen Jahren, und es soll hier im wesentlichen die Ansicht des erstgenannten vertreten werden. Danach ist — von seltenen Sonderfällen abgesehen — die Durchbiegung des Brillenglases dann am zweckmäßigsten, wenn beide astigmatische Fehler gleich groß ($Y_1 = Y_2$) und von möglichst geringem Betrage sind, und wenn ferner

88 II. Die Brillengläser

bei jeder geringen Durchbiegung dieser Form immer einer der beiden neu entstehenden astigmatischen Fehler größer wird als jener Wert $Y_1 = Y_2$. Ein solches Glas könnte man dann ein punktuell abbildendes sphäro-torisches nennen, wenn $Y_1 = Y_2$ unter 0,25 dptr bleibt. Untersuchungen durch photographische Aufnahmen haben gelehrt, daß nach der Erfüllung dieser so wesentlich beschränkten Forderung eine befriedigende Abbildung auf der Netzhaut auch bei Blickbewegungen erfolgt, bei denen die Blicklinie aus jenen beiden bevorzugten Ebenen heraustritt. Ein solches Brillenglas soll ganz allgemein zweckmäßig durchgebogen heißen, während in dieser Darstellung von der leicht zu Mißverständnissen führenden Bezeichnung punktuell abbildender astigmatischer Gläser abgesehen werden soll.

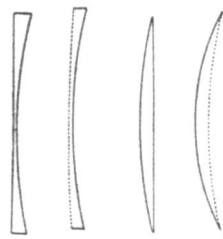

Abb. 64.   Abb. 65.
Die Symmetrieebenen je eines sphäro-zylindrischen Brillenglases.
−6, −4 dptr +6, +4 dptr.
Die Umdrehungsbogen sind punktiert.

Da das astigmatische Brillenglas zwei Symmetrieebenen hat, so ist es nur notwendig, die Hauptstrahlrichtungen in der ersten, beispielsweise senkrecht angenommenen, Symmetrieebene — sie sind in den Abb. 64 und 65 für sphäro-zylindrische Gläser je an erster Stelle gezeichnet — von der Mitte aus gerechnet allein nach oben, die Hauptstrahlrichtungen

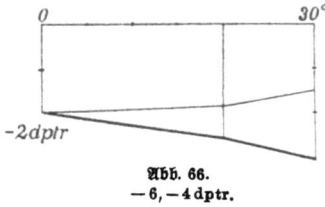

Abb. 66.
−6, −4 dptr.

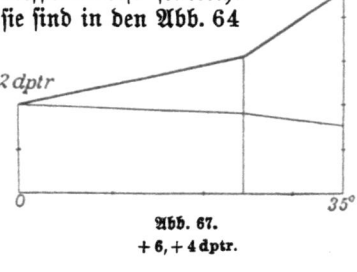

Abb. 67.
+6, +4 dptr.

Abb. 66 u. 67. Der Astigmatismus längs schiefen Hauptstrahlen in den beiden Hauptschnitten (———) und (———) für sphärozylindrische Gläser.

in der zweiten, dann wagrecht verlaufenden, in den beiden Abbildungen an zweiter Stelle stehenden, allein nach rechts zu untersuchen. Es sei also die Annahme gemacht, solcher Hauptstrahlen seien einige in jeder der beiden Ebenen durch das astigmatische Brillenglas hindurch verfolgt, und längs ihnen der Astigmatismus schiefer Büschel bestimmt. Alsdann wird sich bei den gewöhnlichen astigmatischen Brillengläsern (etwa

Zweckmäßig durchgebogene astigmatische Brillen 89

sphäro=zylindrischen) für die gleiche Schiefe der Blicklinie in der ersten Symmetrieebene ein anderer astigmatischer Fehler ergeben als in der zweiten, und in beiden wird sich meistens eine Abweichung von dem vorgeschriebenen, in der Achse geltenden Astigmatismus zeigen. In den Abb. 66 und 67 ist der Astigmatismus schiefer Büschel in der ersten Symmetrieebene durch eine dicke, der in der zweiten durch eine dünne Linie kenntlich gemacht worden. Man erkennt ohne weiteres, daß die obige Behauptung begründet war, denn in dem einen Hauptschnitt nimmt nach dem Rande zu der Astigmatismus ab, in dem anderen dagegen wächst er. Genauere Angaben über diese Linsen sind aus dem auf S. 77 angeführten Brillenbuch (S. 85—88) zu entnehmen.

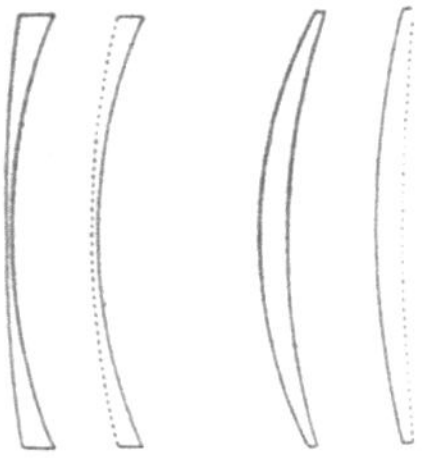

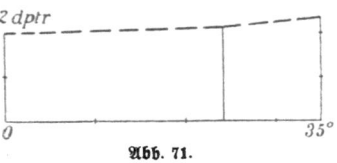

Abb. 68.   Abb. 69.
Die Symmetrieebenen zweckmäßig durchgebogener sphäro-torischer Brillengläser.
—6, —4 dptr +6, +4 dptr.
Die Umdrehungsbogen sind punktiert.

Nimmt man nun zum Vergleich zwei zweckmäßig durchgebogene astigmatische Brillengläser von gleichem Scheitelbrechwert und Astigmatismus längs der Achse, so sind die Formen etwas durchgebogen, und sie zeigen eine sphärische und eine torische Fläche, deren Schnitte mit den Symmetrieebenen in den Abb. 68 und 69 dargestellt werden. Rechnet man auch hier wieder Hauptstrahlen verschiedener Schiefe bei Beschränkung auf die beiden Symmetrie=

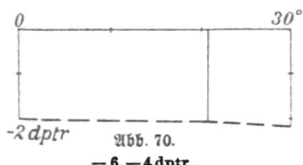

Abb. 70.
—6, —4 dptr.

Abb. 71.
+6, +4 dptr.

Abb. 70 u. 71. Der Astigmatismus längs schiefen Hauptstrahlen in den beiden Hauptschnitten (———) für zweckmäßig durchgebogene sphäro-torische Brillengläser.

ebenen durch das System hindurch, so findet man zwar nach den Abb. 70 und 71 noch einen astigmatischen Fehler, aber er ist für beide Hauptschnitte von gleicher Größe und an sich von wesentlich kleinerem Betrage als im vorigen Falle.

Für die in Gruppe II der Tafel stattfindende Gegenüberstellung der Leistungen gewöhnlicher sphäro=zylindrischer und zweckmäßig durchgebogener sphäro=torischer Brillengläser wurde je ein Sammelglas ge=

wählt, das in dem ersten Hauptschnitt + 4 dptr und im zweiten + 7 dptr hatte. Für die photographischen Aufnahmen wurde genau der Strahlengang hergestellt, der bei dem tatsächlichen Gebrauch eines richtig angepaßten Brillenglases eintritt. Die mit grünem Licht hergestellten photographischen Aufnahmen sind unter Neigungen der bildseitigen Hauptstrahlen von 0°, 10°, 20°, 30° erhalten, die einmal (Kolonnen a und d) in der Ebene des ersten Hauptschnitts, sodann (Kolonnen b und e) in der Ebene des zweiten Hauptschnitts und schließlich (Kolonnen c und f) in einer dritten Ebene verliefen, die mit einem jeden der beiden Hauptschnitte einen Winkel von 45° einschließt. Bei dem sphäro-zylindrischen Glase sind nur die Aufnahmen a erträglich, für die sich der Hauptstrahl in dem ersten Hauptschnitt bewegte, aber auch sie lassen deutlich eine Verschlechterung nach dem Rande erkennen. Die Aufnahmen b und c, bei denen der augenseitige Hauptstrahl eine andere Ebene beschrieb, zeigen eine noch viel raschere Verschlechterung der Strahlenvereinigung. Dagegen ist bei den Kolonnen d, e, f davon keine Rede, und hiernach ist die Bezeichnung dieser besonderen sphäro-torischen Gläser als zweckmäßig durchgebogener durchaus gerechtfertigt.

Eine solche richtige Formgebung ist für alle Brillengläser wünschenswert, die astigmatische Augen unterstützen sollen, und die Besprechung der verschiedenen Formen müßte von Rechts wegen die gleichen Unterabteilungen erhalten, wie sie bei den achsensymmetrischen Gläsern eingeführt worden sind. Es ist aber nicht beabsichtigt, an dieser Stelle in solcher Ausführlichkeit vorzugehen, sondern es soll nur ganz im allgemeinen darauf hingewiesen werden, daß solche Überlegungen bei der Behandlung der astigmatischen Brillen anzustellen sind. Einzig zu den dünnen Fernbrillen sollen noch einige Bemerkungen hinzugefügt werden.

Hier liegen verschiedene Möglichkeiten insofern vor, als man die Zylinderwirkung in dem einen oder dem anderen Hauptschnitt wirken lassen kann, je nachdem man sie an der Vorder- oder der Hinterfläche des Brillenglases anbringt, und schließlich je nachdem man von den beiden Formen der Durchbiegung die schwächere oder die stärkere wählt. Man kann im günstigsten Falle unter acht verschiedenen Möglichkeiten die Form wählen, für die $Y_1 = Y_2$ den möglichst geringen Betrag hat, doch sind meistens nicht alle in der Theorie ansetzbaren Formen reell, und die Auswahl beschränkt sich auf vier oder gar nur zwei.

Ganz ähnlich wie bei den achsensymmetrischen punktuell abbildenden Gläsern gibt es auch bei den astigmatischen Brillen zweckmäßigster

Form gewisse Grenzen für die Brechkräfte, und nur innerhalb dieser Grenzen lassen sich Durchbiegungen finden, die die angenäherte Gleichheit des astigmatischen Fehlers für beliebige Drehungen der Blicklinie in den Symmetrieebenen hervorbringen. Überschreiten die Brechkräfte diese Grenzen, so muß man hier wie dort seine Zuflucht zu einer nichtsphärischen Umdrehungsfläche nehmen. Da bei einer astigmatischen Brille nur eine sphärische Fläche vorkommen kann, so bedeutet es, daß diese zu einer nicht-sphärischen Umdrehungsfläche umzuarbeiten ist, und das ist der Grund dafür, daß man asphäro-torische oder Gullstrandsche Starbrillen verwenden muß, wenn es sich darum handelt, Linsenlosen mit Narbenastigmatismus (S. 84) beim Blicken durch die sammelnde Fernbrille eine gleichmäßige Deutlichkeit der Wahrnehmung zu ermöglichen.

Die Brille zur Unterstützung beider Augen.

Wenn im ersten Abschnitt über das Sehen mit beiden Augen gehandelt worden war, so sollen hier wenigstens einige kurze Bemerkungen zu der Wirkung der Brillen beim Sehen mit beiden Augen Platz finden.

Schon früher (S 39) war darauf hingewiesen worden, daß bei der Benutzung eines passenden Brillenglases für ein Einzelauge nicht nur die Deutlichkeit der Wahrnehmung erhöht wird, sondern auch im allgemeinen eine Änderung der Richtung eintritt, in der das Ding wahrgenommen wird.

Bei einer aus zwei Gläsern zusammengesetzten Brille wird demnach für jeden der beiden durch einen gegebenen Dingpunkt bestimmten Hauptstrahlen eine Richtungsänderung eintreten. Da sind nun die beiden Fälle möglich, daß sich die beiden augenseitigen Richtungen rückwärts verlängert schneiden, und daß sie zueinander windschief sind.

Der erste Fall bietet für die Behandlung keine weiteren Schwierigkeiten dar: es entspricht einem jeden Punkte des Dingraums ein bestimmter Bildpunkt des Augenraums, eben der, in dem sich die beiden augenseitigen Hauptstrahlenrichtungen rückwärts verlängert schneiden.

Diese Fälle sind ganz oder mit genügender Annäherung verwirklicht bei Brillen, die aus zwei dünnen achsensymmetrischen Brillengläsern gleicher Brechkraft zusammengesetzt sind. Die auf S. 59 berührte Vertiefung des Raumdings für Kurz- und seine Verflachung für Übersichtige tritt beim beidäugigen Sehen noch deutlicher auf.

Der zweite Fall, wo die beiden augenseitigen Richtungen windschief zueinander sind, führt überhaupt auf keinen Punkt im Augenraum, und eine einheitliche Warnehmung kommt für den Brillenträger nur dann zustande, wenn er seine beiden Blicklinien je mit den beiden augenseitigen Hauptstrahlenrichtungen zusammenfallen läßt, so daß das Bild des fixierten Dingteils auf jeder der beiden Netzhautgruben entworfen wird. In einem solchen Falle aber liegen die beiden Blicklinien nicht mehr in einer Ebene, wie das beim Sehen mit unbewaffneten Augen (S. 31) der Fall war, oder anders ausgedrückt, es muß der Brillenträger durch regelwidrige Augenbewegungen einen Höhenfehler ausgleichen, der durch die Brille eingeführt worden ist.

Die Überwindung eines solchen Höhenfehlers ist dem Muskelapparat beider Augen in gewissen Grenzen möglich; es scheinen Höhenfehler bis zu $1\frac{1}{2}°$ ohne große Schwierigkeit überwunden zu werden, und

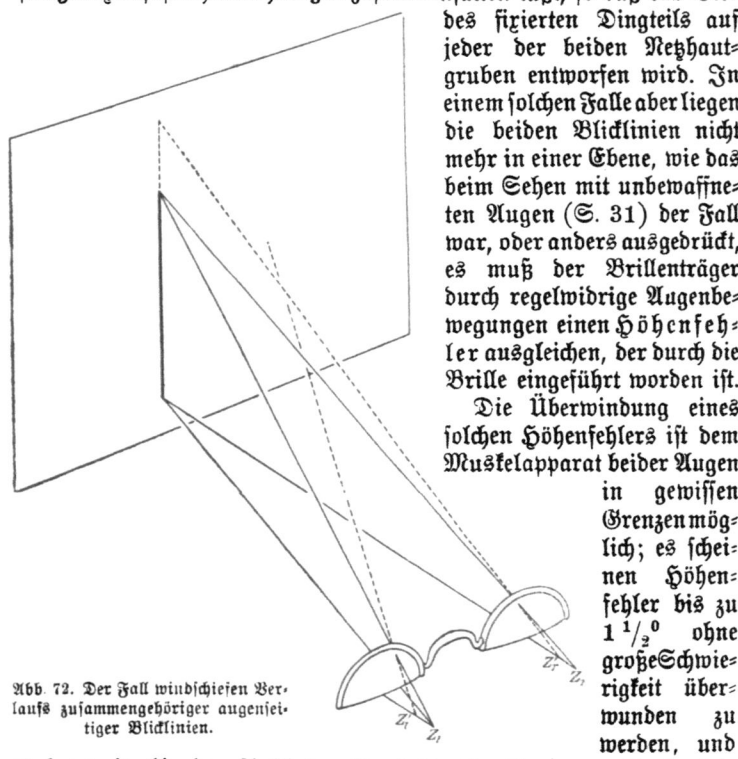

Abb. 72. Der Fall windschiefen Verlaufs zusammengehöriger augenseitiger Blicklinien.

es hat weiterhin den Anschein, als ob die Gewöhnung an die Herbeiführung einer solchen regelwidrigen Stellung mit der Zeit auch die Grenze des überwindbaren Fehlers hinausschöbe.

In der obenstehenden Abb. 72 ist anschaulich die Lage zweier von einem Dingpunkt ausgehender schiefer Hauptstrahlen auf der Ding- und auf der Bildseite dargestellt. Man sieht, daß auf der Dingseite die beiden ausgezogenen Hauptstrahlen in einer Ebene liegen, die durch den fixierten Dingpunkt und beide scheinbare Augendrehpunkte (S. 57 Z_l und Z_r)

bestimmt ist. Nach dem Durchtritt durch die Brillengläser haben aber die beiden Hauptstrahlen so verschiedene Richtungsänderungen durchgemacht, daß sie — genügend rückwärts verlängert — zueinander windschief verlaufen. In der Abb. 72 ist das durch die gestrichelten Linien angedeutet, und es verläuft der linke Hauptstrahl im Augenraum unterhalb des rechten.

Fragt man nun nach der Ursache für einen solchen Verlauf, so kann man nach dem Vorhergehenden bereits sagen, daß es sich in einem solchen Falle nicht um achsensymmetrische Brillen gleicher Brechkraft handeln kann. Dagegen kann ein solcher Fall sehr wohl bei astigmatischen Brillen vorkommen, wo in bestimmten Seitenrichtungen die Zylinderwirkung des einen Glases den zugehörigen Hauptstrahl ganz anders abzulenken vermag, als das andere Glas den entsprechenden Hauptstrahl. Hierin liegt auch eine Erklärung für die Schwierigkeiten, die manchmal anfangs beim Tragen astigmatischer Brillen empfunden werden, und die oft nach einiger Zeit verschwinden, unter Umständen aber auch bestehen bleiben und ein beidäugiges Sehen verhindern.

Eine andere Möglichkeit ist die, daß die beiden Augen ungleichsichtig (anisometropisch) sind. Alsdann werden die augenseitigen Richtungen auch bei achsensymmetrischen Fernbrillengläsern schon so verschieden ausfallen, daß sie zueinander windschief sind. Während aber — wie es aus dem Vorhergehenden verständlich ist — die geringeren Grade der Ungleichsichtigkeit ohne Schwierigkeit überwunden werden, und die Träger solcher Brillen leicht ein beidäugiges Sehen durch ihre verschiedenen Gläser erlernen, ist das bei einer hochgradigen Ungleichsichtigkeit (4 dptr und mehr) nicht immer möglich. Ein häufiger vorkommender Fall ergibt sich nach der Linsenentfernung an einem einzelnen Auge. Nimmt man an, daß es sich um einen plötzlich — etwa nach einer Verletzung — aufgetretenen Star handele, der durch die Linsenentfernung glücklich beseitigt sei, so haben die beiden Augen trotz ihrem vollkommen gesunden Muskelapparat doch die Fähigkeit des Zusammenwirkens verloren: bei der so eingeführten Ungleichsichtigkeit von 11 dptr oder mehr ist die Richtungsverschiedenheit der augenseitigen Hauptstrahlen beim Gebrauch der gewöhnlichen Brillengläser so groß, daß ein beidäugiges Sehen nicht zustande kommt. Auf die Darstellung der Möglichkeit, auch solche Einseitig-Linsenlose durch eine verwickelter gebaute Linsenfolge zum beidäugigen Sehen zu bringen, soll hier noch verzichtet werden.

III. Die Brillengestelle.

Die Brillengestelle haben den Zweck, die Brillengläser so vor das Auge zu bringen, daß die Bedingungen der Rechnung erfüllt sind. Dazu gehört, daß sich der Augendrehpunkt an dem richtigen Orte befindet, also in der Regel 25 mm hinter der letzten Linsenfläche auf der Achse des Brillenglases liegt, und daß ferner bei prismatischen Brillen die einzige Symmetrieebene, bei astigmatischen die beiden Symmetrieebenen in der vom Arzte angegebenen Lage angebracht werden.

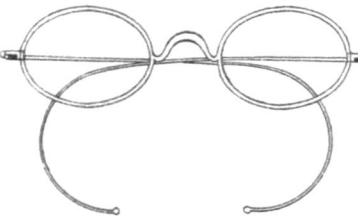

Abb. 73. Eine Fassungsbrille.

Es kommen hier in erster Linie Brillen, Klemmer sowie Griff- und Springbrillen in Betracht, die hier der Reihe nach ganz kurz unter Anlehnung an neuere Arbeiten[1]) besprochen werden sollen.

Die eigentlichen Brillen. Man versteht unter einem Brillengestell eine die Brillengläser in fester Entfernung voneinander haltende Fassung, die sich im wesentlichen auf den Nasenrücken stützt und durch besondere Vorrichtungen an den Ohren festgehalten wird. Man unterscheidet zunächst Fassungsbrillen und Glasbrillen.

Bei den Fassungsbrillen (Abb. 73) umgibt die Einfassung das Brillenglas von allen Seiten, mag seine Form elliptisch, kreisförmig oder halbrund sein. Das hat den Vorteil einer sehr haltbaren Unterstützung des Glases, und es bleibt auch die ganze optisch bearbeitete Glasfläche für den Gebrauch frei. Die Form des Brillenrandes ist meistens oval (elliptisch), doch kommen auch runde, halbrunde und schuppenförmige (pantoskopische) Formen vor, von denen die letzterwähnten (Abb. 74) ein großes Blickfeld haben und doch nicht allzu schwer und auffällig sind. Die Einfassung greift in der Regel (Abb. 75) um die Randflächen des Glases herum, doch kommen

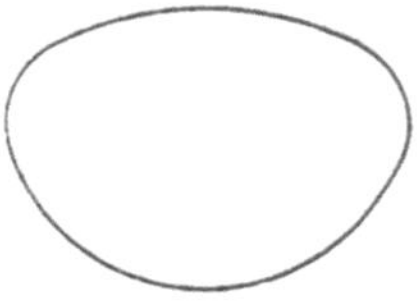

Abb. 74. Der schuppenförmige (pantoskopische) Rand.

---

1) Es kommen hier namentlich Arbeiten von G. Kloth und E. Weiß in der Fachpresse der Jahre 1917 und 1918 in Betracht. Wo die Vorschläge auseinander gehen, ist beim ersten Vorkommen der Weißsche in Klammern dem Klothschen beigesetzt worden.

Die eigentlichen Brillen

auch Formen vor, wo die Einfassung von einem einfachen Draht gebildet ist, der in einer Nute des Glases liegt (Nutenbrillen). Die im allgemeinen ovalen Brillengläser werden so in die Einfassungen eingeschliffen, daß bei wagrechter Lage der großen Achse die Ebene der prismatischen Ablenkung oder die Zylinderachse die von dem Arzt vorgeschriebene Lage einnimmt. Es sei bemerkt, daß bei einem ovalen Glase keine ausgiebige nachträgliche Ausrichtung der Zylinderachse vorgenommen werden kann: dafür eignet sich die runde Randform am besten. Ein Brillenglas solcher Gestalt sollte man immer dann wählen, wenn es sich um die Unterstützung eines stark astigmatischen Auges handelt, da es eben in diesen Fällen ganz ungemein auf die Einhaltung der richtigen Lage der Zylinderachse ankommt.

Die Gläser für die Glasbrillen (Abb. 76) müssen ein wenig größer gearbeitet werden als die für Fassungsbrillen, da sie durch einen Beschlag an den inneren und äußeren (Nasen= und Schläfen=) Teilen festgehalten werden. Namentlich die inneren Schrauben erscheinen bei geeigneter Blickrichtung stark verwaschen auf der Netzhaut und können das Blicken in dieser Richtung stören. Die Unterstützung des Glases durch die Beschläge ist nicht ganz so haltbar wie die durch die Einfassungen — die Gläser der Glasbrillen lockern sich ziemlich leicht —, und ferner bricht das Glas nicht selten an den Verschraubungsstellen aus. Trotz alledem gelten die Glasbrillen vielfach als zierlicher, und sie mußten ebenfalls hier behandelt werden.

Abb. 75. Ein Querschnitt durch Brillenglas und Einfassung.

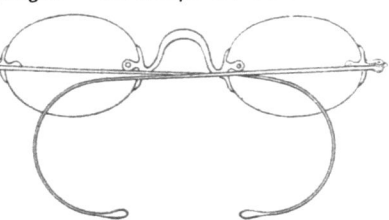

Abb. 76. Eine Glasbrille.

Als Material für Brillen kommt Stahl, Nickel, Gold und namentlich plattiertes Gold (Doublé) in Frage. Man versteht darunter eine derartige Vereinigung eines unedlen Metalls mit Gold, daß sich das unedle im Innern befindet und von einem dünnen Goldmantel umgeben ist. Solange dieser unverletzt bleibt, hat die Brille das Aussehen einer goldenen mit dem weiteren Vorzug leichter Reinigungsmöglichkeit. Besonders stark beanspruchte Teile (z. B. die Gelenke) überzieht man zweckmäßig mit einem Goldmantel größerer Dicke.

96 III. Die Brillengestelle

An den Einfassungen oder Beschlägen sind die Teile angebracht, die sich auf den Nasenrücken stützen, die Brücke (der Mittelsteg), und die in der Nähe der Ohren angreifen, die Bügel und die Stangen (Seitenfedern).

Die Brücke sichert in erster Linie den guten Sitz der Brille. Damit die beiden Brillengläser zentrisch angebracht werden können, bedarf es

Abb. 77. Eine nach innen gekröpfte Brücke.

Abb. 78. Eine nach außen gekröpfte Brücke.

einer doppelten Anpassungsmöglichkeit, einer in wag= und einer in senkrechter Richtung. Man sieht zu diesem Zwecke Brücken sowohl mit verschiedener Breite als mit verschiedener Höhe vor, z. B. ist die Brückenhöhe in Abb. 73 viel geringer als in Abb. 76. Bei der Brückenbreite und =höhe ist darauf zu achten, daß die Augen häufig nicht symmetrisch zum Nasenrücken sitzen, und daß auch ihre Höhenlage im Kopf verschieden sein kann. In der Regel wird der Optiker diese Unregelmäßigkeiten durch eine zweckmäßige Biegung vorhandener, im Groben passender Brücken berücksichtigen können. Hat man es auf diese Weise erreicht, daß die Brillengläser zentrisch vor den Drehpunkten sitzen, so muß noch dafür gesorgt werden, daß der Augendrehpunkt auf der Achse des Brillenglases seinen richtigen Ort einnimmt. Das ist der Fall (S. 49), wenn zwischen dem Hornhaut= und dem inneren Brillenscheitel ein Zwischenraum von etwa 12 mm besteht. Die Aufgabe, diese Anpassung zu erleichtern, fällt der Kröpfung der Brücke

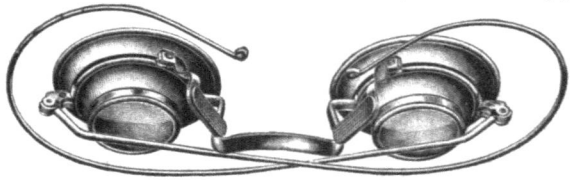

Abb. 79. Eine Fernrohrbrille mit Stegen.

zu. Man spricht dabei von einer Kröpfung nach innen, wenn die Verbindungslinie der Schlitze beider Schließblöcke vor dem Brückenscheitel (Abb. 77) verläuft, und von einer Kröpfung nach außen, wenn diese Verbindungslinie hinter dem Brückenscheitel (Abb. 78) verläuft. Eine weitere Forderung für die Brücke besteht noch darin, daß die Neigung ihrer Auflagefläche, des Sattels, möglichst ge=

Die eigentlichen Brillen

nau der Neigung des Nasenrückens anzupassen ist. Unter Umständen genügt aber auch diese Vorkehrung nicht, wenn es sich um besonders schwere Brillen (S. 72) handelt. Alsdann wird man zweckmäßig den Nasenrücken ganz oder zum Teil durch Vorkehrungen, Stege (Seitenstege) entlasten, die an den Nasenseiten angreifen. Aus dem in Abb. 79 mitgeteilten Beispiel der Fassung einer Fernrohrbrille ersieht man, wie diese Wirkung zustande kommt. Genaueres wird darüber da zu sagen sein, wo über die Klemmer gesprochen wird.

Die Stangen (Damenfedern) wirken durch Druck an den Kopf, die Bügel (Reitfedern) durch Zug, wobei sie an den Ohren angreifen. Die erstgenannten werden jetzt seltener gebraucht, am häufigsten noch bei Lesebrillen, die rasch auf= und abgesetzt werden sollen. Die Bügel haben mannigfaltige Wandlungen durchgemacht, bis sich aus ihnen die heutigen Ausführungen entwickelt haben, die, als glatte und als Gespinstbügel, sehr geschmeidig sind und bei guter Anpassung einen druckfreien Sitz ermöglichen. Die Verbindung zwischen Einfassung und Bügel oder Stange wird durch ein Gelenk mit senkrechter Achse vermittelt, dessen beste Form unter dem Namen Backe bekannt ist.

Ein Muster eines Brillengestells bietet die Abb. 80, eine perspektivische Zeichnung, wo zum Überfluß noch einmal die hauptsächlichsten Teile, die Einfassung, die Brücke, die Backe und der Bügel besonders bezeichnet worden sind. Man erkennt, daß es sich um eine nach innen gekröpfte Brücke mittlerer Höhe handelt.

Zur Aufbewahrung einer mit Sorgfalt angepaßten Brille empfiehlt sich ein guter Behälter, der sich am besten ganz öffnet, damit man die

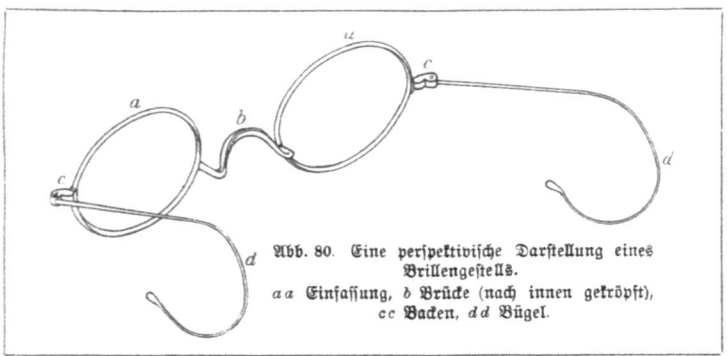

Abb. 80. Eine perspektivische Darstellung eines Brillengestells.
aa Einfassung, b Brücke (nach innen gekröpft), cc Backen, dd Bügel.

Brille vorsichtig hineinlegen und herausnehmen kann; geschlossen darf er keinerlei Druck auf das Gestell ausüben.

Die Klemmer (Kneifer, Pincenez). Eine andere Möglichkeit, die Brillengläser mit oder ohne Einfassung richtig vor die Augen zu bringen, beansprucht nur die Nasenseiten, auf die die beiden Halteteile einen entgegengesetzten Druck ausüben. Solche Vorkehrungen bezeichnet man als Klemmer, Kneifer oder Pincenez. Man sieht ein, daß diese Anbringungsmöglichkeit nicht ganz so sicher ist wie die der Brille, da deren Unterstützung an weit entfernten Stellen (Nasenrücken, Ohrmuscheln) bei den Kneifern durch eine solche an nahegelegenen ersetzt ist. Indessen reichen die Kneifer für die leichteren Brillengläser im allgemeinen aus, und sie werden auch häufig angewandt, da man ihnen ein besseres Aussehen nachrühmt als einer Brille.

Man wird im wesentlichen zwei Formen zu unterscheiden haben, je nachdem die Entfernung der beiden Gläser voneinander von dem Sitz des Klemmers abhängt oder ein für allemal festgelegt ist. Die erstgenannte Art ist die ältere, die zuletzt genannte die neuere Art.

Die Klemmer mit veränderlichem Gläserabstande. Sie haben (Abb. 81) eine oben angeordnete Feder, die den Druck auf beide Nasenseiten ausübt. Beim Öffnen des Klemmers führen die Gläser gewisse pendelnde Bewegungen aus, die es nicht angezeigt erscheinen lassen, solche Klemmerformen mit astigmatischen Gläsern zu verwenden. Später wird näher auf die Vorkehrungen einzugehen sein, die in solchen Fällen empfohlen werden können. Um auf die erwähnten einfachen Klemmer mit achsensymmetrischen Gläsern geringer Brechkraft einzugehen, so kann man mit Recht annehmen, daß sich eine geringe Abweichung des Augendrehpunkts von der bei der Berechnung angenommenen Lage nicht gar zu störend bemerkbar machen wird, so daß also die geringen Veränderungen der Glaslage, die beim Aufsetzen des Klemmers nicht zu vermeiden sind, ziemlich unschädlich sein werden.

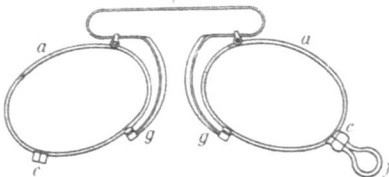

Abb. 81. Ein Klemmer mit veränderlichem Abstande der Gläser.
a a Einfassung, *c c* Schließblöcke, *e* Feder, *f* Griff, *g g* Stege.

Die Teile des Klemmers, die sich an die Nasenseiten anlegen, nennt man Stege (Seitenstege). Die älteste Form ist im allgemeinen, wie auch in Abb. 81 dargestellt, von der Form eines gegen die Nase zu erhabenen Bogens und erlaubt, wenn überhaupt, eine Einzelanpassung nur in geringem Maße. Es ist klar, daß der Abstand der beiden Stege durch die Nase selbst bestimmt wird, und daß man bei großen Augenabständen auf große Gläserdurchmesser kommt. Auch die Höhenanpassung wird bei der alten Klemmerform nur wenig berücksichtigt, dagegen findet sich eine Art der Stegkröpfung, indem die Haltefläche des Steges mehr oder minder weit gegen den inneren Augenwinkel zu verbreitert ist. In der Regel sind die Halteflächen des Klemmers mit Zellhorn, Schildpatt oder Kork belegt, so

Abb. 82. Eine Schraubenfeder für Balkenklemmer namentlich mit astigmatischen Gläsern.

daß das leicht rostende Metall der Fassung nicht unmittelbar die Haut berührt. Bei Kneifern aus Gold oder Goldplattierung hat man aber auch von einer solchen Zwischenlage Abstand genommen.

Handelt es sich um astigmatische Gläser, so hat man früher zu einer Klemmerform gegriffen, bei der die beiden Einfassungen durch zwei auseinandergleitende Führungsstangen (Abb. 82) nur parallel zueinander verschoben werden und dabei auf eine Schraubenfeder wirken. Damit ist einigermaßen die Erfüllung der Bedingung gesichert, die man bei astigmatischen Gläsern stellen muß, daß nämlich die Richtung der Zylinderachsen von dem Sitz des Glases unabhängig sei. Durch die Trennung der beiden Glaseinfassungen wird eine Schraubenfeder gespannt, und übt einen Druck auf die Nasenseiten aus. Die Stege dieser Klemmerform sind meistens durch Gelenke mit wagerechter Achse mit dem Klemmer verbunden, damit sie sich der Nasenform selbsttätig anschmiegen können. Man nennt sie Schaukelstege; doch wird ihr Zweck nicht immer erreicht. Die Einhaltung des vorgeschriebenen Augenabstandes wird auch durch diese Form nicht strenge gewähr-

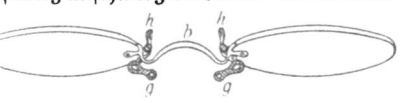

Abb. 83. Ein Fingerklemmer mit festem Abstande der Gläser.
b Brücke, gg Stege, hh Griffe.

leistet; denn die Mitten der Brillengläser können weiter oder weniger weit voneinander abstehen, wenn der Klemmer etwas anders aufgesetzt wird.

Beschäftigt man sich mit den **Fingerklemmern mit festem Gläserabstande**, so sei zunächst bemerkt, daß sie auf den Schweizer J. Cottet zurückgehen und von ihm zuerst um 1894 auf den Markt gebracht wurden. Es handelt sich dabei nach Abb. 83 um eine starre, durch eine Brücke

III. Die Brillengestelle

bewirkte Verbindung der beiden Einfassungen oder Beschläge mit=
einander, deren Entfernung dem Abstande der Drehpunkte entsprechend
zu wählen ist. Die Brücken sind mit verschiedenen Höhen, Breiten und
Kröpfungen zu beziehen, so daß man mit ihrer
Hilfe Gläser gegebener Form dem Träger an=
passen kann. Auf den Abstand der Gläsermitten,
die richtige Wahl der Brückenbreite, war schon
Bezug genommen: es ist klar, daß in gleicher
Weise auch Brückenhöhe und Brückenkröpfung
zweckmäßig gewählt werden können. So kann
auch der richtige Abstand zwischen den Hornhaut=
scheiteln und den inneren Glasflächen so gut
eingehalten werden, wie das bei einem Klemmer
mit seinem nicht ganz festen Sitz überhaupt mög=
lich ist. Man sieht leicht ein, daß sich dieser
Klemmer sowohl für achsensymmetrische als für
astigmatische Gläser besonders eignet und vor
anderen Klemmerformen entschiedene Vorzüge
besitzt. Er wird an die Nasenseiten durch kleine
Stege angedrückt, die unter der Wirkung kleiner
unauffälliger Sprungfedern stehen. Das
Auf= und Absetzen erfolgt durch die Benutzung
kleiner auf die Sprungfedern wirkender Griffe.
Die Auflagefläche der Stege läßt sich auch vom
Optiker mit leichter Mühe so biegen, daß sie
sich der Nasenform ihres Trägers vollkommen
anschmiegen.

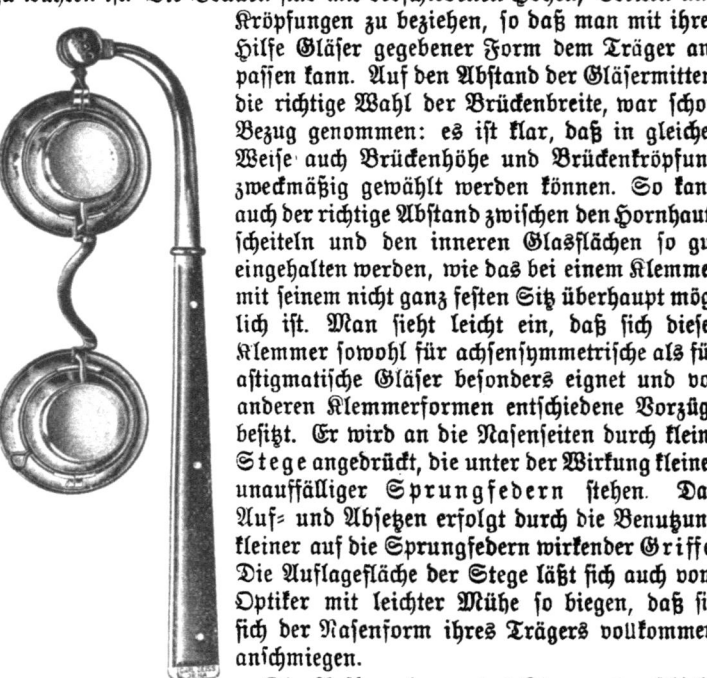

Abb. 84. Eine Fern=
rohrgriffbrille.

Die Aufbewahrung des Klemmers geschieht
am besten in einem festen Behälter, der keinerlei
Druck auf seinen Inhalt ausübt. Vor allen Dingen
ist aber ein Zusammenlegen der alten Klemmer zu vermeiden, da sie
dadurch gar zu leicht verbogen werden, so daß sie anders sitzen als vor=
her. Den Haken und den Anlagestift, die sich bei ziemlich vielen
Klemmerfassungen alter Art finden, sollte man sofort entfernen lassen.

Von dem Einglas (Lorgnon, Monokel) soll nur im Vorbei=
gehen gesprochen werden, da es von geringerer Wichtigkeit ist. Es ist
entweder ohne Einfassung mit glattem oder gerieftem Rande oder mit
einer Einfassung versehen, die einfach oder mit einer nach innen vor=
springenden Galerie ausgestattet sein kann. Die Randgestaltung eines

Die Spring- und die Griffbrille. Beide Vorkehrungen werden nicht dauernd getragen, sondern nur gelegentlich vor die Augen gehalten. Sie sind beide in der Regel mit einem Seitengriff ausgestattet und unterscheiden sich dadurch voneinander, daß bei der **Springbrille** (Lorgnette) die Gläser zusammenzuklappen sind, während sie bei der **Griffbrille** (Lünette) einen festen Abstand voneinander haben.

Einglases ist nicht einfach, wenn Wert darauf gelegt wird, daß das Brillenglas zentrisch (S. 39, 49) benutzt wird.

Diese Art der Fassung ist auch für einfache Gläser nicht selten angewandt worden, und zwar deswegen, weil sie ein schnelles Auf- und Absetzen der Gläser ermöglicht, und weil sie ferner als zierlich angesehen wird. In neuerer Zeit hat man sich ihrer bedient, um schwere Systeme wie Fernrohrbrillen (Abb. 84) zu tragen. Da es bei dieser Anlage (S. 73) sehr darauf ankommt, daß der Augendrehpunkt beim Blicken genau an der Stelle liege, die durch die Rechnung bestimmt ist, so hat man an diesen Griffbrillen eine dem Träger anzupassende Brücke angebracht, die die Auffindung der richtigen Lage erleichtert.

Register.

abbildbare Linien 45
Aberration s. Abweichungsfiguren
absolute Sehschärfe S 35
Abstand der Brillengläser 32, 33
Abweichungsfiguren 15
Achse des astigmatischen Brillenglases 86, des Zylinders bei astigmatischen Gläsern 84, 95
Achsenametropie s Längenfehler
Achsenbezeichnung astigmatischer Gläser nach dem internationalen, nach dem Tabo-Schema 84
Akkommodation, ihr Zusammenhang mit der Konvergenz beim beidäugigen Sehen 31
Akkommodationsbreite 19, ihre Änderung mit dem Alter 19
Akkommodationsgebiet 19
Akkommodationsvermögen 18, sein Verlust nach der Linsenentfernung 21
altersfichtig (presbyopisch) 19
Ametropie s. Fehlsichtigkeit
angulares Maß s. Winkelmaß

Anisometropie s. Ungleichsichtigkeit
aphakisch s. linsenlos
äquivalente Kernlinse 9
asphärisch s. nicht-sphärisch
asphäro-sphärische Brillengläser 65
asphäro-torische Brillengläser zweckmäßiger Durchbiegung 91
astigmatische Entstellung spitzer Büschel 42
— Fehler Y_1, Y_2 87, 89
Astigmatismus des Auges 82—84, schiefer Büschel 42, dessen Aufhebung in Brillengläsern 46, 49
Augendrehpunkt 22, beiderseitiger Abstand 31, Lage zum Brillenscheitel 48
Augenkammer 7
axiale Refraktion s. Hauptpunktsbrechwert

Backe 97
Behälter (Etui) 97, 100
beidäugige Tiefenwahrnehmung 31
beidäugiges Sehen 30, mit der Brille 91

Berichtigungswert D_1 der Fehlsichtigkeit 32, 33, sein Zusammenhang mit dem Hauptpunktsbrechwert A 34
Beschlag 95
Bifokal= s. Doppelstärkengläser
Bildgröße im ruhenden Auge 12
Bildschalen der t= und f=Büschel 44
Bjerke, K., Erhöhung der Sehleistung im brillenversehenen linsenlosen Auge 62
Blicken s. direktes Sehen
Blicklinie 23
Blicklinienbüschel als Hauptstrahlenbüschel für das Brillenglas 38/39
blinder Fleck 7/8
Boegehold, H., Arbeiten zur zweckmäßigen Durchbiegung astigmatischer Brillengläser 87
Brechkraft D 10, des brillenbewaffneten Auges D' 33
Brechwert (Konvergenz) 10
Breitenwahrnehmung 18, ihre Rolle bei beidäugiger Bestimmung von Entfernungsunterschieden 31
Brennlinien 42
Brennpunkte beim astigmatischen Büschel 42
Brennweiten des optischen Systems im ruhenden Auge 8, 9, im akkommodierenden Auge 14.
Brillenabstand ∂ 32, 34
Brillengestelle 94—101
Brillenscheitelrefraktion s. Scheitelbrechwert
Brücke bei Stargläsern 66, 67, im allgemeinen 96, ihre Höhe, Breite, Kröpfung, ihr Sattel 96, bei Fingerklemmern 100, bei Griffbrillen 101
Bügel 96, 97
Busch, E., Isokrystargläser 53
Büschelachsen als Hauptstrahlen 16

Centrabian (ctrd) 80, 81
Chevalier=Brückesche Lupe 75
chromatisch s. farbig
Coddington, H., Untersuchung des Astigmatismus schiefer Büschel 45, 53
Coddington=Petzvalsches Gesetz 54
Cottet, J., Fingerklemmer 1894: 99

Damenfedern s. Stangen
deformiert s. nicht=sphärisch
Dennettsche Einführung des Centrabians 81
Dioptrie, (dptr) 10, ihre Einführung durch F. Monoyer 34, Umrechnung in Zollnummern 35
direktes Sehen 21, 22
disparate Netzhautstellen 30
Donders, F. C., Änderung der Akkommodationsbreite 19
Doppelbilder 30, 91—93
Doppelfernrohrlupen 76
Doppelstärkengläser 76—79, ohne Sprung des Bildes 77, nicht auffällige 78, zusammengeschmolzene 79
Drehungszentrum 22, scheinbares 57
Durchbiegung 48, astigmatischer Linsen 86

ebene Perspektiven 24, 27, ihre Deutung nach dem Bildabstande oder den Gesichtswinkeln 29
Einfassung 94/95
Einglas (Monokel) 100
emmetropisch s. rechtsichtig
Etui s. Behälter
Euklid zur Sehschärfe 17

Farbenfehler des Auges 15
farbenfreie Brillengläser 67—69
farbige Neigungsverschiedenheit der Hauptstrahlen 69, bei Fernrohrbrillen 72, bei Lupenbrillen 75
Fassungsbrillen 94
Feder 98
Fehlsichtigkeit (Ametropie) 8
Fernpunkt 12, 18
Fernpunktskugel 22
Fernrohrbrillen 37, schon im 17. Jahrhundert geplant 38, punktuell abbildende 70/71, mit schwacher und starker Vergrößerung 72/73, für Augen mit geringer Fehlsichtigkeit 73/74, als Nahbrillen 74/75, in Brillenfassung 96/97, als Griffbrillen 100
Fernrohrlupen 76
Fingerklemmer 99
fixierte Punkte 22, beim beidäugigen Sehen 30

Register

Franklin, B., Doppelstärkenbrillen 77
Fraunhofersche Linien 68
Fukala, B., seine Myopieoperation
Füllperspektiven 25, 27 [14, 70

Galerie eines Einglases 101
Gaußische Hauptpunkte 9, 11, 20
gekreuzte Zylinder 83, 85
gelber Fleck 7/8
Glasbrillen 95
Glaskörper 7
grauer Star 13
Griffbrillen (Lünetten) 94, 100, 101
Gullstrand, A., Übersichtsauge 9, 20, physikalische Theorie der Sternstrahlen 15, Zweckmäßigkeit der Linsenschichtung 20, Einführung der abbildbaren Linien 45, Vorschlag asphäro-sphärischer Starlinsen 61, 63, Aufgabenstellung für farbenfreie Brillen 68, 75
Gullstrandsche Starlgläser (Katralgläser) 61, 63, 65, für Fern- und Nahbrillen 65/66, Tragrandgläser 66/67, asphäro-torische Starbrillen 91
Günther s. unter Nitsche & Günther

Halbmuschelgläser 47
halbrunde Randform 94
Hauptperspektive 27
Hauptpunkte, ihre Lage im ruhenden 9, im angestrengt akkommodierenden Auge 20
Hauptpunktsbrechwert (axiale Refraktion) A 12, sein Zusammenhang mit dem Berichtigungswert D_1 34
Hauptschnitte 42
Hauptstrahlen 16
Heine, L., maschenartige Anordnung der Zäpfchenenden 17
Helmholtz, H., Übersichtsauge 9
Henker, O., nicht-sphärische Flächen 65
Hering, E., Schärfe der Breitenwahrnehmung 17
Hertel, E., Wahl des Arbeitsabstandes zu 25 cm für Starbrillen 66, Anregung zur Berechnung der Fernrohrbrillen 70
v. Heß, C., Nachweis der Sprungflächen der Kristallinse 7

Höhenfehler beim beidäugigen Sehen durch Brillen 92
Hornhaut 7
Hornhautastigmatismus 83
Horopter 30
hypermetropisch, hyperopisch s. übersichtig

indirektes Sehen 22
Iris 7, ihre Bedeutung für die Strahlenbegrenzung 15, bei der Akkommodation 20/21
Isokrystalgläser 53

Jones, W., Gegner der periskopischen Brillen 46

Kammerwasser 7
Katralgläser 63, 65, 69
Kepler, J., Erkenntnis der Augendrehung 25
Klemmer 98, mit veränderlichem 98, mit festem Gläserabstande 99
Kloth, G., Namen für Brillenteile 94
Kneifer s. Klemmer
Konvergenz s. Brechwert
Konvergenzsteigerung, ihr Zusammenhang mit der Änderung der Akkommodation 31
Konvergenzwinkel 30
Korrektionswert s. Berichtigungswert
korrespondierende Netzhautstellen 30
Kreibig, C., Allgemeines über das Auge 7, über das beidäugige Sehen 30
Kristallinse 7, ihre Schichtung 7/8
Kröpfung der Brücke nach innen, nach außen 96
Krümmungsfehler (Krümmungsametropie) 13
Kryptok-Gläser 79
kurzsichtig (myopisch) 8

Lambert, J. H., Die Folgen einer unrichtigen Wahl des Bildabstandes 28
Längenfehler (Achsenametropie) 9
Lentikular- s. Tragrandgläser
Linse 7
Linsenastigmatismus 83
linsenlose (aphakische) Augen 13, ihr

Verlust des Akkommodationsvermögens 21
Listing, J. B., Übersichtsauge 9, Knotenpunkte 11, Einführung von μ 17, Verlagerung der Hauptschnitte des astigmatischen Auges beim Blicken 87
Lorgnette s. Springbrille
Lorgnon s Einglas
Luftbrechwerte (reduzierte Konvergenzen) A, B 11
Luftlängen (reduzierte Längen) a, b 11
Lünette s. Griffbrille
Lupenbrillen 36, punktuell abbildende 55, aus zwei Bestandteilen von verschiedenem Zeichen 75

Malusscher Satz 42
Material für das Brillengestell 95
meniskenförmige Gläser 47
Mittelsteg s. Brücke
Monokel s Einglas
Monoyer, F., Einführung der Bezeichnung Dioptrie 34
Müller, J., Erkenntnis der Augendrehung 25
Muschelgläser 47
Myopieoperation 14
myopisch s. kurzsichtig

Nahbrillen 35, punktuell abbildende 54, 74
Nahepunkt 18
Nahepunktskugel 22
Neo-Perpha-Gläser 53
Netzhaut 8, -grube 8
nicht-sphärische (asphärische) Flächen 61, 63
Nitsche & Günther, Rectavistgläser 53
Nonius 18
normal s. rechtsichtig
Nutenbrillen 95

Oppenheimer, E. H., Theorie und Praxis der Augengläser 3
Ostwalsche Form bei Brillengläsern 49, 50, 51, 52, 55
ovale Randform 94

pantoskopisch s. schuppenförmig
Parent, H., doppeltes Starglas 63

periskopische Brillen 46
Perspektive eines körperlichen Gegenstandes 23
perspektivisches Büschel der Hauptstrahlen 24
perspektivisches Zentrum beim Blicken 23, beim indirekten Sehen 25
Petzval, J., Por.rätobjektiv 45, Theorie des Astigmatismus 54
Pincenez s. Klemmer
postoperativer (Narben-) Astigmatismus 61, 84, 91
Presbyopen- s. Nahbrillen
presbyopisch s. altersichtig
prismatische (Schiel-) Brillen 79—82, anastigmatische 81, punktuell abbildende 82
prismatische Wirkung $w' - w$ 39
Prismendioptrie 80
Punktalgläser 53
punktuell abbildende Fernbrillengläser 49, Nahbrillengläser 54, Lupenbrillen 55, Vorhänger 56, prismatische 82
Pupille 15

Radian 81
Randformen 94
rechtsichtig (emmetropisch) 8
Rectavistgläser 53
reduzierte Konvergenzen s. Luftbrechwerte
Regenbogenhaut 7
Reitfedern s Bügel
Richtungsänderung der Hauptstrahlen 39
Rodenstock, G., Neo-Perpha-Gläser 53
v Rohr, M., Allgemeines über Brennweiten und Grundpunkte 8, die Brille als optisches Instrument 77, 80

sagittale (/=) Büschel 43
Sattel 96
Schärfenflächen 22
Schärfenraum 22
Schaukelsteg 99
scheinbare Größe 16
scheinbarer Drehpunkt 57
scheinbares Linsenzentrum 62

Scheiner, Chr., beobachtet 1619 die Irisänderung bei der Akkommodation 20, Verdienste um die Erkenntnis der Augendrehung 25
Scheitelbrechwert (Brillenscheitelrefraktion) A_s 36
Scheitelkugel bei nicht-sphärischen Flächen 64, Beziehung der Brechwerte auf sie 51
schematisches Auge s. Übersichtsauge
schiefe Hauptstrahlen, ihre Richtungsänderung 39, Abbildung längs ihnen 41
Schielbrillen s. prismatische Brillen
Schließblöcke 96, 98
Schließmuskel 15
schuppenförmig (pantoskopisch) 94
Sehnenhaut 7
Sehschärfe, ihr Winkelwert 17, absolute S 35
Seitenfedern s. Bügel
Seitenstege s. Stege
Spanuth, J., Arbeiten zur zweckmäßigen Durchbiegung astigmatischer Brillengläser 87
sphäroidisch s. nicht-sphärisch
Springbrillen (Lorgnetten) 94, 101
Stäbchen 8
Stangen 96, 97
Stege 97, 98

Tabo-Schema für die Achsenbezeichnung 84
Tangentenverhältnis 58
tangentiale (t-) Büschel 43
Tiefenwahrnehmung im beidäugigen Sehen 31
tonnenförmige torische Flächen 86, 87
torische Flächen 85/86
Totalastigmatismus 83, 84
Totalindex der Linse des ruhenden Auges 8 Anm., des akkommodierenden Auges 20
Trägerschicht bei Zerstreuungslinsen 59, bei Sammellinsen 66
Tragrand- (Lentikular-) Gläser 66/67

übersichtig (hypermetropisch) 8
Übersichts- (schematisches) Auge 9
Umrechnung von Zoll- in Dioptriennummern und umgekehrt 35

Ungleichsichtigkeit (Anisometropie) 93, bei Einseitig-Aphakischen 93
Uni-Bifo-Gläser, Uni-Bifo-Luxe-Gläser 78

Verflachung und Vertiefung des Dingraums beim einäugigen 53, beim beidäugigen Sehen durch Brillen 91
Verlagerung des Ausgangspunkts der Vernier 18 [Blickrichtungen 57
Verzeichnung 60
da Vinci, L., Entwurf einer Perspektive durch Künstlerhand 25
Volkmann, A. W., Erkenntnis der Augendrehung 25
Vorhänger, punktuell abbildende 56, bei Fernrohrbrillen 74

Weiß, E., Einführung des astigmatischen Fehlers, Arbeiten zur zweckmäßigen Durchbiegung astigmatischer Brillengläser 87, Vorschläge für die Benennung von Brillenteilen 94
windschiefer Verlauf der beiden augenseitigen Blickrichtungen 91—93, bei astigmatischen Brillen 93, bei achsensymmetrischen Gläsern verschiedener Brechkraft 93
Winkelmaß der Sehschärfe 17
Wollaston, W. H., periskopische Brillen 46, 47
Wollastonsche Form bei Brillen 49, 50, 52, 55, 81
wurstförmige torische Flächen 86

Zäpfchen 8, ihre Durchschnittsentfernung 17
Zeiß, E., Punktalgläser 53, Fernrohrbrillen 70
zentrische Benutzung optischer Systeme 39, 49
Ziliarkörper 15
Zonenfreiheit der Punktabbildung 53
zweckmäßig durchgebogene astigmatische Brillengläser 86—91, 88, verschiedene Formen 90, Grenzen für die Durchbiegung sphäro-torischer Brillengläser 91
Zwischenfehler des Astigmatismus schiefer Büschel 52, bei Fernrohrbrillen 71, 72

Abbildung durch Brillengläser in den Seitenteilen des Blickfeldes längs schiefen Hauptstrahlen.

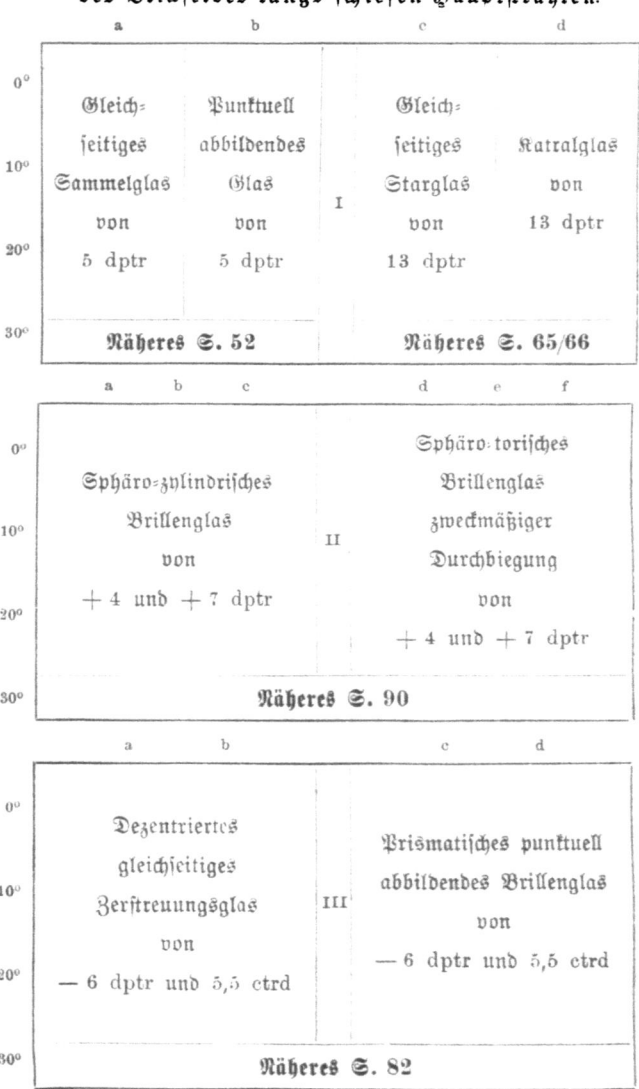

	a	b	c	d	
0°	n r	n r	n r	n r	
10°	n r	n r	n r	n r	
20°	n r	n r	n r	n r	I.
30°	n r	n r	n r	n r	

	a	b	c	d	e	f	
0°	n r	n r	n r	n r	n r	n r	
10°	n r	n r	n r	n r	n r	n r	
20°	n r	n r	n r	n r	n r	n r	II.
30°	n r	n r	n r	n r	n r	n r	

	a	b	c	d	
0°	n r	n r	n r	n r	
10°	n r	n r	n r	n r	
20°	n r	n r	n r	n r	III.
30°	n r	n r	n r	n r	

ANuG 372: v. Rohr, Das Auge u. d. Brille. 2. Aufl.

Von demselben Verfasser erschien:

Die optischen Instrumente (Lupe, Mikroskop, Fernrohr, photographisches Objektiv und ihnen verwandte Instrumente). 3. Aufl. 10.—15. Tausend. Mit 89 Abbildungen. Geh. M. 1.20, geb. M. 1.50.

„Wer die Schwierigkeiten und den Umfang der Abbeschen Theorie der optischen Instrumente kennt, wird der vorliegenden trefflichen Lösung der Aufgabe, eine kurze, allgemein verständliche Darstellung dieser Theorie zu geben, seine Anerkennung nicht versagen können. Jedem, der sich über den jetzigen Stand oder irgendeine Frage der Optotechnik rasch belehren will, kann das Buch von Rohr wärmstens empfohlen werden" (Streffleurs mil. Ztschr.)

Handbuch der angewandten Optik. Von Dr. A. Steinheil und Prof. Dr. E. Voit. I. Band: **Voraussetzung für die Berechnung optischer Systeme und Anwendung auf einfache und achromatische Linsen.** Mit in den Text gedruckten Figuren und 7 lithograph. Tafeln. Geh. M. 12.— Hieraus besondere Beilagen. Geh. M. 3.—

Vorliegendes Handbuch der angewandten Optik ist zunächst für den ausübenden Optiker bestimmt, den es in den Stand setzen soll, unter Voraussetzung nur elementarer mathematischer Kenntnisse, optische Systeme zu berechnen; es soll aber auch für jeden, der sich eingehender mit dem Gebrauche optischer Instrumente befassen will, zur Orientierung für die Berechnung und Leistung derselben dienen.

Einführung in die theoretische Optik. Von Prof. Dr. A. Schuster. Deutsche Ausgabe von Prof. Dr. H. Konen. Mit 2 Tafeln und 185 Figuren. Geh. M. 12.—, geb. M. 13.—

Die deutsche Ausgabe des Schusterschen Lehrbuches will dem Anfänger ein Werk zugänglich machen, das sich durch Reichhaltigkeit bei einfachster und klarster Behandlung sowie durch scharfe und kritische Fassung der Begriffe auszeichnet.

Physikalische Optik. Von Professor Dr. R. W. Wood. Deutsch von Dr. E. Prümm. [Unter der Presse.]

Lehrbuch der geometrischen Optik. Von Reg.-Rat Privatdozent Dr. A. Gleichen. Geb. M. 20.—

Um das Eindringen in die geometrisch-optischen Theorien zu erleichtern, geht der Verfasser fast immer von einem einfachen Spezialfall aus, der möglichst anschaulich entwickelt wird, und schreitet dann zu den schwierigeren und allgemeineren Problemen fort. Durch diese Darstellungsweise sucht das Buch den Anforderungen der reinen Theorie und den Bedürfnissen der optischen Praxis in gleicher Weise gerecht zu werden.

Optische Untersuchungen über Lichtdruck, Regenbogen und andere Beugungserscheinungen. Ein Beitrag zur Behandlung optischer Fragen im Sinne von Randwertaufgaben. Von Prof. Dr. P. Debye. [U.d.Pr.]

Vorlesungen über die Theorie des Lichtes. Von Geh. Reg.-Rat Prof. Dr. P. Volkmann. Mit zahlreichen Figuren. Geh. M. 11.20

Das Ziel der Vorlesungen ist, mit Hilfe der allgemein anerkannten Gesetze der Elastizität, der Elektrizität und des Magnetismus ohne weitere Hilfsannahmen eine Optik auf dem Boden der reinen Mechanik, soweit es angeht, zu entwickeln. Besonderer Wert ist auf eine übersichtliche Anordnung und Entwicklung des Stoffes gelegt, bei welcher zugleich die wesentlichen Fundamente der Theorie gesondert und deutlich hervortreten.

Dispersion und Absorption des Lichtes in ruhenden isotropen Körpern, Theorie und ihre Folgerungen. Von Prof. Dr. D. Goldhammer. Mit 28 Figuren. Geh. M. 3.60, geb. M. 4.—

„Das Buch gibt einen ausgezeichneten Überblick über das Gebiet der oft recht komplizierten Erscheinungen der Dispersion und Absorption. Besonders ist es zu begrüßen, daß neben den theoretischen Überlegungen auch eine so große Fülle experimentellen Materials aufgenommen ist. Das Buch kann daher jedem, der sich über dies Gebiet eingehender zu orientieren wünscht, warm empfohlen werden." (Archiv der Mathematik.)

Auf sämtliche Preise Teuerungszuschläge des Verlages und der Buchhandlungen

Verlag von B. G. Teubner in Leipzig und Berlin

Lehrb. d. Experimentalphysik. V. Geh. Reg.-R. Prof. Dr. A. Wüllner. 4 Bde. 6. bezw. 5. Aufl. Geh. M. 32.—, geb. M. 64.— (Die Bände sind auch einzeln käuflich.)

„Der Inhalt umfaßt alles, was gegenwärtig auf d. Gebiete d. Wissenschaft bekannt ist." (Ztschr. d. österr. Ing.- u. Arch.-Ver.)

Repertorium der Physik. V. Prof. Dr. R. H. Weber u. Prof. Dr. R. Gans. 2 Bde: I. Bd.: Mechanik u. Wärme. Unt. Mitarb. von F. A. Schulze-Marburg u. V. Hertz-Göttingen. 1. Teil: Mechanik, Elastizität, Hydrodynamik u. Akustik. Mit 126 Fig. im Text. Geb. M. 8.—. 2. Teil: Kapillarität, Wärme, Wärmeleitung, kinetische Gastheorie u. statist. Mechanik. Mit 72 Fig. M. 11.—, geb. M. 12.—. II. Bd. In Vorb.

Das Repertorium soll mehr bringen als die elementaren Lehrbücher, indem es neuere Untersuchungen teils behandelt, teils wenigstens erwähnt, damit gewissermaßen das Studium der Einzelwerke über besondere Gebiete der Physik vorbereitet und Auffinden und Verständnis der Originalarbeiten erleichtert.

Physik in graphischen Darstellungen. Von Hofrat Prof. Dr. F. Auerbach. 1373 Figuren auf 213 Tafeln mit erläut. Text. Geh. M. 9.—, geb. M. 10.—

„Die Anordnung ist systematisch und folgt der üblichen Einteilung der Physik in ihre einzelnen Zweige. Druck und Papier sind vorzüglich. Das Buch hat sicher einen hohen Wert." (Unterrichtsblätter f. Mathematik u. Naturwissenschaft.)

Taschenbuch für Mathematiker und Physiker. Unt. Mitwirk. namhafter Fachgenossen hrsg. von Hofrat Prof. Dr. F. Auerbach u. Prof. Dr. R. Rothe. I. Jahrg. 1909. Mit einem Bildnis Lord Kelvins. Geb. M. 6.—. II. Jahrg. 1911. Mit Bildnis H. Minkowskis. Geb. M. 7.—. III. Jahrg. 1913. Mit Bildnis Fr. Kohlrauschs. Geb. M. 6.—

Lehrbuch d. praktischen Physik. Von Prof. Dr. Fr. Kohlrausch. 12., verm. Aufl. In Gemeinschaft mit H. Geiger, E. Grüneisen, L. Holborn, W. Jaeger, E. Orlich, K. Scheel, O. Schönrock hrsg. von E. Warburg. Mit 389 Fig. Geb. M. 11.—

Die neue Auflage, in der das Buch zum ersten Male nach dem Tode d. Verf. erscheint, enthält zahlreiche Zusätze und Ergänzungen, welche durch den Fortschritt der Physik geboten waren. Einzelne Abschnitte, z. B. über den Druck, die Saccharimetrie, Radioaktivität und einige elektrischen Kapitel haben deshalb größere Veränderungen erfahren.

Kleiner Leitfaden der praktischen Physik. Von Professor Dr. Fr. Kohlrausch. 2., vermehrte Auflage. (6. bis 10. Tausend). Mit zahlr. Fig. Geb. M. 5.60

Lehrbuch der Physik. Von Direktor E. Grimsehl. 3., verm. u. verb. Aufl. 2 Bde, Bd. I m. 1063 Fig. u. 2 farb. Taf. geh. M. 11.—, geb. M. 12.—; Bd. II mit 1 Bildn. Grimsehls u. 517 Fig. geh. M. 7.—, geb. M. 8.—; fplt. geh. M. 16.—, geb. M. 18.-

„Das Werk behandelt den Stoff in klarer, einfacher Weise, durch Beispiele die gegebenen Betrachtungen festigend, so daß auch beim Selbststudium nirgends Schwierigkeiten auftreten werden." (Dingl. Polyt. Journ.)

Physik. Unter Redaktion v. Dr. E. Warburg. Mit 106 Abbildungen. (Die Kultur der Gegenwart. Hrsg. von Prof. P. Hinneberg. Teil III, Abt. III, 1.) Geh. M. 22.—, geb. M. 24.—, in Halbfranz M. 30.—

Inhalt: I. Mechanik: E. Wiechert. II. Akustik: F. Auerbach. III. Wärme: E. Dorn, A. Einstein, F. Henning, L. Holborn, W. Jäger, H. Rubens, E. Warburg, W. Wien. IV. Elektrizität: F. Braun, J. Elster, R. Gans, E. Gehrcke, H. Geitel, E. Gumlich, W. Kaufmann, E. Lecher, H. A. Lorenz, St. Meyer, O. Reichenheim, F. Richarz, E. v. Schweidler, H. Starke, W. Wien. V. Optik: F. Exner, E. Gehrcke, O. Lummer, O. Wiener, P. Zeeman. VI. Allgemeine Gesetze und Gesichtspunkte: A. Einstein, F. Hasenöhrl, M. Planck, W. Voigt, E. Warburg.

Physik und Kulturentwicklung durch technische u. wissenschaftl. Erweiterung der menschlichen Naturanlagen. Von Geh. Hofrat Prof. Dr. O. Wiener. Mit zahlr. Abb. Geh. ca. M. 4.40, geb. ca. M. 5.40

Der bekannte Leipziger Physiker zeigt in diesen Vorträgen in sehr interessanter Weise, wie die allgemeine Kulturentwicklung auf der wissenschaftlichen und technischen Erweiterung unserer Naturanlagen beruht, die uns zu drei Grundleistungen befähigen, und zwar zur Aufnahme äußerer Eindrücke, zu ihrer geistigen Verarbeitung und zu ihrer tätigen Verwertung. Die wissenschaftlichen und technischen Grundlagen werden entwickelt, auf denen der Kulturfortschritt beruht, und die vielfachen Anwendungen gezeigt, die die Technik auf den verschiedensten Gebieten für die Ergebnisse der wissenschaftlichen Forschung gefunden hat.

Physikal. Experimentierbuch. V. Studienrat Prof. H. Rebenstorff. 2 Tle. I. Teil: Mit 99 Abb. Geb. M. 3.—. II. Teil: Mit 87 Abb. Geb. M. 3.—

Auf sämtliche Preise Teuerungszuschläge des Verlages und der Buchhandlungen

Verlag von B. G. Teubner in Leipzig und Berlin

Aus Natur und Geisteswelt

Sammlung wissenschaftlich-gemeinverständlicher Darstellungen aus allen Gebieten des Wissens

Jeder Band ist einzeln käuflich

608 Bände

Geheftet M. 1.20,*)
gebunden M. 1.50*)

Verlag B. G. Teubner in Leipzig und Berlin

Verzeichnis der bisher erschienenen Bände innerhalb der Wissenschaften alphabetisch geordnet
Werke, die mehrere Bände umfassen, auch in einem Band gebunden erhältlich

I. Religion, Philosophie und Psychologie.

Ästhetik. Von Prof. Dr. R. Hamann. 2. Aufl. (Bd. 345.)
— Einführung in die Geschichte der Ä. Von Dr. H. Nohl. (Bd. 602.)
Astrologie siehe Sternglaube.
Aufgaben u. Ziele d. Menschenlebens. Von Prof. Dr. J. Unold. 4. Aufl. (Bd. 12.)
Bergson, Henri, der Philosoph moderner Relig. Von Pfarrer Dr. E. Ott. (Bd. 480.)
Berkeley siehe Locke, Berkeley, Hume.
Buddha. Leben u. Lehre d. Buddha. Von Prof. Dr. R. Pischel. 3. Aufl., durchges. von Prof. Dr. H. Lüders. Mit 1 Titelbild u. 1 Taf. (Bd. 109.)
Calvin, Johann. Von Pfarrer Dr. G. Sodeur. Mit 1 Bildnis. 2. Aufl. (Bd. 247.)
Christentum. Aus der Werdezeit des Chr. V. Prof. Dr. J. Geffcken. 2. A. (Bd. 54.)
— Vom Urchristentum z. Katholizismus. V. Prof. Dr. H. Frhr. v. Soden. (690.)
— Christentum und Weltgeschichte bis zur Reformation. Von Prof. D. Dr. R. Seeberg. 2 Bde. (Bd. 297. 298.)
— siehe Jesus, Mystik im Christentum.
Ethik. Grundzüge der E. Mit bes. Berücksichtigung der pädagog. Probleme. Von E. Wentscher. (Bd. 397.)
— s. a. Aufg. u. Ziele, Sexualethik, Sittl. Lebensanschauungen, Willensfreiheit.
Freimaurerei. Die. Eine Einführung in ihre Anschauungswelt u. ihre Geschichte. Von Geh. Rat Dr. L. Keller. 2. Aufl. von Geh. Archivrat Dr. G. Schuster. (463.)
Griechische Religion siehe Religion.
Handschriftenbeurteilung. Die. Eine Einführung in die Psychol. d. Handschrift. Von Prof. Dr. G. Schneidemühl. Mit 51 Handschriftennachbild. i. T. u. 1 Taf. 2., durchges. u. erw. Aufl. (Bd. 514.)
Heidentum siehe Mystik.
Hellenistische Religion siehe Religion.
Herbarts Lehren und Leben. Von Pastor O. Flügel. 2. Aufl. Mit 1 Bildnis Herbarts. (Bd. 164.)
Hume siehe Locke, Berkeley, Hume.
Hypnotismus und Suggestion. Von Dr. E. Trömner. 3. Aufl. (Bd. 199.)

Jesuiten, Die. Eine histor. Skizze. Von Prof. Dr. H. Boehmer. 4. Aufl. (Bd. 49.)
Jesus. Wahrheit und Dichtung im Leben Jesu. Von Kirchenrat Pfarrer D. Dr. P. Mehlhorn. 2. Aufl. (Bd. 137.)
— Die Gleichnisse Jesu. Zugleich Anleitung zum quellenmäßigen Verständnis der Evangelien. Von Prof. D. Dr. H. Weinel. 4. Aufl. (Bd. 46.)
Israelitische Religion siehe Religion.
Kant, Immanuel. Darstellung und Würdigung. Von Prof. Dr. O. Külpe. 4. Aufl. hrsg. v. Prof. Dr. A. Messer. Mit 1 Bildnis Kants. (Bd. 146.)
Kirche s. Staat u. Kirche.
Kriminalpsychologie s. Psychologie d. Verbrechers, Handschriftenbeurteilung.
Lebensanschauungen s. Sittliche L.
Locke, Berkeley, Hume, die großen engl. Philos. Von Oberlehrer Dr. P. Thormeyer. (Bd. 481.)
Logik. Grundriß d. L. Von Dr. R. J. Grau. (Bd. 637.)
Luther. Martin L. u. d. deutsche Reformation. Von Prof. Dr. W. Köhler. 2. Aufl. Mit 1 Bildnis Luthers. (Bd. 515.)
— s. auch Von L. zu Bismarck Abt. IV.
Mechanik d. Geisteslebens, Die. V. Geh. Medizinalrat Direktor Prof. Dr. M. Verworn. 4. Aufl. Mit Fig. (Bd. 200.)
Mission, Die evangelische. Geschichte, Arbeitsweise, Heutiger Stand. V. Pastor E. Baudert. (Bd. 406.)
Mystik in Heidentum u. Christentum. V. Prof. Dr. Edv. Lehmann. 2. Aufl. V. Verf. durchges. übers. v. Anna Grundtvig geb. Quittenbaum. (Bd. 217.)
Mythologie, Germanische. Von Prof Dr. J. von Negelein. 2. Aufl. (Bd. 95.)
Naturphilosophie. Die moderne. V. Priv.-Doz. Dr. J. M. Verweyen. (Bd. 491.)
Palästina und seine Geschichte. Von Prof. Dr. K. Frhr. v. Soden. 3. Aufl. Mit 2 Kart., 1 Plan und 6 Ansicht. (Bd. 6.)
— P. u. s. Kultur in 5 Jahrtausenden. Nach d. neuest. Ausgrabgn. u. Forschgn. dargest. von Prof. Dr. P. Thomsen. 2., neubearb. Aufl. M. 37 Abb. (260.)

*) Hierzu Teuerungszuschläge des Verlags und der Buchhandlungen.

Jeder Band geheftet M. 1.20 **Aus Natur und Geisteswelt** Jeder Band gebunden M. 1.50
Verzeichnis der bisher erschienenen Bände innerhalb der Wissenschaften alphabetisch geordnet

Paulus, Der Apostel, u. sein Werk. Von Prof. Dr. E. Bischer. (Bd. 309.)
Philosophie, Die. Einführ. in d. Wissenschaft, ihr Wesen u. ihre Probleme. V. Oberrealschuldir. H. Richert. 3. Aufl. (Bd. 186.)
— **Einführung in die Ph.** Von Prof. Dr. R. Richter. 4. Aufl. von Priv.-Doz. Dr. M. Brahn. (Bd. 155.)
— **Führende Denker. Geschichtl. Einleit. in die Philosophie.** Von Prof. Dr. J. Cohn. 3. Aufl. Mit 6 Bildn. (Bd. 176.)
— **Die Phil. d. Gegenw. in Deutschland.** V. Prof. Dr. O. Külpe. 6. Aufl. (41.)
— **Philosophisches Wörterbuch.** V. Oberlehrer Dr. P. Thormeyer. 2. Aufl. (Bd. 520.)
Poetik. Von Dr. R. Müller-Freienfels. (Bd. 460.)
Psychologie, Einführ. i. d. Pf. V. Prof. Dr. E. von Aster. Mit 4 Abb. (Bd. 492.)
— **Psychologie d. Kindes.** V. Prof. Dr. R. Gaupp. 4. Aufl. M. 17 Abb. (213/214.)
— **Psychologie d. Verbrechers. (Kriminalpsychol.)** V. Strafanstaltsdir. Dr. med. P. Pollitz. 2. Aufl. M. 5 Diagr. (Bd. 248.)
— **Einführung in die experiment. Psychologie.** Von Prof. Dr. N. Braunshausen. Mit 17 Abb. i. T. (Bd. 484.)
— f. auch Handschriftenbeurteilg., Hypnotismus u. Sugg., Mechanik d. Geisteslebs., Poetik, Seele d. Menschen, Veranlag. u. Vererb., Willensfreiheit; Pädag. Abt. II.
Reformation siehe Calvin, Luther.
Religion. Die Stellung der R. im Geistesleben. Von Konsistorialrat Lic. Dr. P. Kalweit. 2. Aufl. (Bd. 225.)
— **Relig. u. Philosophie im alten Orient.** Von Prof. Dr. E. von Aster. (Bd. 521.)
— **Einführung in die allg. R.-Geschichte.** Von Prof. D. Dr. K. Beth. (Bd. 658.)
— **Die Religion der Griechen.** Von Dr. E. Samter. M. Bilderanh. (Bd. 457.)
— **Hellenistisch-röm. Religionsgesch.** Von Hofprediger Lic. A. Jacoby. (Bd. 584.)
— **Die Grundzüge der israel. Religionsgeschichte.** Von Prof. Dr. Fr. Giesebrecht. 3. Aufl. Von Prof. Dr. A. Bertholet. (Bd. 52.)
— **Religion u. Naturwissensch. in Kampf u. Frieden. Ein geschichtl. Rückbl.** Von Pfarrer Dr. A. Pfannkuche. 2. Aufl. (Bd. 141.)
— **Die relig. Strömungen der Gegenwart.** Von Superintendent D. A. H. Braasch. 3. Aufl. (Bd. 66.)
— f. a. Bergson, Buddha, Calvin, Christentum, Luther.

Rousseau. Von Prof. Dr. P. Hensel. 2. Aufl. Mit 1 Bildnis. (Bd. 180.)
Schopenhauer, Seine Persönlichk., s. Lehre, s. Bedeutg. V. Oberrealschuldir. H. Richert. 3. Aufl. Mit 1 Bildnis. (Bd. 81.)
Seele des Menschen, Die. Von Geh. Rat Prof. Dr. J. Rehmke. 4. Aufl. (Bd. 36.)
— siehe auch Psychologie.
Sexualethik. Von Prof. Dr. H. E. Timerding. (Bd. 592.)
Sinne d. Menschen, D. Sinnesorgane und Sinnesempfindungen. Von Hofrat Prof. Dr. F. K. Kreibig. 3., verbesserte Aufl. Mit 30 Abb. (Bd. 27.)
Sittl. Lebensanschauungen d. Gegenwart. Von Geh. Kirchenrat Prof. D. O. Kirn. 3. Aufl. durchges. von Prof. D. Dr. O. Stephan. (Bd. 177.)
— f. a. Ethik, Sexualethik.
Spencer, Herbert. Von Dr. R. Schwarze. Mit 1 Bildnis. (Bd. 245.)
Staat und Kirche in ihrem gegenseitigen Verhältnis seit der Reformation. Von Pastor Dr. A. Pfannkuche. (Bd. 485.)
Sternglaube und Sterndeutung. Die Geschichte u. d. Wesen der Astrologie. Unter Mitw. von Geh. Rat Prof. Dr. R. Bezold dargestellt von Geh. Hofrat Prof. Dr. Fr. Boll. Mit 1 Sternkarte u. 20 Abb. (Bd. 638.)
Suggestion f. Hypnotismus.
Testament, Das Alte, seine Geschichte und Bedeutung. Von Prof. D. B. Thomsen. (Bd. 609.)
— **Neues. Der Text d. N. T. nach seiner geschichtl. Entwickl.** Von Div.-Pfarrer A. Pott. Mit Taf. 2. Aufl. (Bd. 134.)
Theologie. Einführung in die Theologie. Von Pastor M. Cornils. (Bd. 347.)
Urchristentum siehe Christentum.
Veranlagung u. Vererbung, Geistige. V. Dr. phil. et med. G. Sommer. (Bd. 512.)
Weltanschauung, Griechische. Von Prof. Dr. M. Wundt. 2. Aufl. (Bd. 329.)
Weltanschauungen, D., d. groß. Philosophen der Neuzeit. Von Prof. Dr. R. Buffe. 6. Aufl., hrsg. v. Geh. Hofrat Prof. Dr. R. Falckenberg. (Bd. 56.)
Weltentstehung. Entsteh. d. W. u. d. Erde nach Sage u. Wissenschaft. Von Prof. Dr. M. B. Weinstein. 2. Aufl. (Bd. 223.)
Weltuntergang. Untergang der Welt und der Erde nach Sage und Wissenschaft. Prof. Dr. M. B. Weinstein. (Bd. 470.)
Willensfreiheit. Das Problem der W. Von Prof. Dr. G. F. Lipps. (Bd. 383.)
— f. a. Ethik, Mechan. d. Geisteslebs., Psychol.

II. Pädagogik und Bildungswesen.

Amerikanisches Bildungswesen siehe Techn. Hochschulen, Universitäten.
Berufswahl. Begabung u. Arbeitsleistung in ihren gegenseitigen Beziehungen. Von B. J. Ruttmann. M. 7 Abb. (Bd. 522.)

Bildungswesen, D. deutsche, in f. geschichtlichen Entwicklung. Von Prof. Dr. Fr. Paulsen. 3. Aufl. Von Prof. Dr. R. Münch. M. Bildn. Paulsens. (Bd. 100.)
— f. auch Volksbildungswesen.

Jeder Band geheftet M. 1.20 **Aus Natur und Geisteswelt** Jeder Band gebunden M. 1.50
Religion u. Philosophie, Pädagogik u. Bildungswesen, Sprache, Literatur, Bildende Kunst u. Musik

Erziehung. E. zur Arbeit. Von Prof. Dr. Edw. Lehmann. (Bd. 459.)
— **Deutsche E. in Haus u. Schule.** Von Rektor J. Tews. 3. Aufl. (Bd. 159.)
— siehe auch Großstadtpädagogik.
Fortbildungsschulwesen, Das deutsche. Von Dir. Dr. F. Schilling. (Bd. 256.)
Fröbel, Friedrich. Von Dr. Joh. Prüfer. Mit 1 Tafel. (Bd. 82.)
Großstadtpädagogik. V. Rektor J. Tews. (Bd. 327.)
— siehe Erzieh., Schulkämpfe d. Gegenw.
Handschriftenbeurteilung, Die. Eine Einführ. in die Psychol. der Handschrift. V. Prof. Dr. G. Schneidemühl. Mit 61 Handschriftennachbild. i. T. u. 1 Taf. 2., durchges. u. erw. Aufl. (Bd. 514.)
Herbarts Lehren und Leben. Von Pastor O. Flügel. 2. Aufl. Mit 1 Bildnis Herbarts. (Bd. 164.)
Hilfsschulwesen, Vom. Von Rektor Dr. B. Maennel. (Bd. 73.)
Hochschulen s. Techn. Hochschulen u. Univ.
Jugendpflege. Von Fortbildungsschullehrer W. Wiemann. (Bd. 434.)
Leibesübungen siehe Abt. V.
Mädchenschule, D. höhere, in Deutschland. V. Oberlehrerin M. Martin. (Bd. 65.)
Mittelschule s. Volks- u. Mittelschule.
Pädagogik, Allgemeine. Von Prof. Dr. Th. Ziegler. 4. Aufl. (Bd. 33.)
— **Experimentelle P. mit bes. Rücksicht auf die Erzieh. durch die Tat.** Von Dr. W. A. Lay. 3., verb. Aufl. Mit 6 Textabbildungen. (Bd. 224.)
— s. Erzieh., Großstadtpäd., Handschriftenbeurteilung, Psychol., Veranlag. u. Vererb. Abt. I.

Pestalozzi. Leben und Ideen. Von Geh. Reg.-Rat Prof. Dr. P. Natorp. 3. Aufl. Mit Bildn. u. 1 Brieffaksimile. (Bd. 250.)
Rousseau. Von Prof. Dr. P. Hensel. 2. Aufl. Mit 1 Bildnis. (Bd. 180.)
Schule siehe Fortbildungs-, Hilfsschulwes., Techn. Hoch-, Mädch.-, Volksschule, Univ.
Schulhygiene. Von Prof. Dr. L. Burgerstein. 3. Aufl. M. 33 Fig. (Bd. 96.)
Schulkämpfe der Gegenwart. Von Rektor J. Tews. 2. Aufl. (Bd. 111.)
— siehe Erziehung, Großstadtpäd.
Student, Der Leipziger, von 1409 bis 1909. Von Dr. W. Bruchmüller. Mit 25 Abb. (Bd. 273.)
Studententum. Geschichte des deutschen St. Von Dr. W. Bruchmüller. (Bd. 477.)
Techn. Hochschulen in Nordamerika. Von Geh. Reg.-Rat Prof. Dr. G. Müller. M. zahlr. Abb., Karte u. Lagepl. (190.)
Universität. Über Universitäten u. Universitätsstud. V. Prof. Dr. Th. Ziegler. Mit 1 Bildn. Humboldts. (Bd. 411.)
— **Die amerikanische U.** V. Prof. Ph. D. E. D. Perry. Mit 22 Abb. (Bd. 206.)
Unterrichtswesen, Das deutsche, der Gegenwart. Von Geh. Studienrat Oberrealschuldir. Dr. K. Knabe. (Bd. 299.)
Volksbildungswesen, Das moderne. Von Stadtbibl. Dr. G. Fritz. Mit 14 Abb. (Bd. 266.)
Volks- und Mittelschule, Die preußische, Entwicklung und Ziele. Von Geh. Reg.- u. Schulrat Dr. W. Sachse. (Bd. 432.)
Zeichenkunst. Der Weg zur Z. Ein Büchlein für theoretische u. praktische Selbstbildung. Von Dr. P. Weber. 2. Aufl. Mit 81 Abb. und 1 Farbtaf. (Bd. 430.)

III. Sprache, Literatur, Bildende Kunst und Musik.

Architektur siehe Baukunst und Renaissancearchitektur.
Ästhetik. Von Prof. Dr. R. Hamann. 2. Aufl. (Bd. 345.)
— siehe auch Poetik. Abt. I.
Baukunst. Deutsche B. im Mittelalter. Von Geh. Reg.-Rat Prof. Dr. A. Matthaei. I. Von d. Anf. b. z. Ausgang d. roman. Baukunst. 4. Aufl. Mit 42 Abb. i. T. u. auf 1 Doppeltafel. II. Gotik u. „Spätgotik". 4. Aufl. Mit zahlr. Abb. (Bd. 8/9.)
— **Deutsche Baukunst seit d. Mittelalter b. z. Ausg. d. 18. Jahrh. Renaissance, Barock, Rokoko.** Von Geh. Reg.-Rat Prof. Dr. Matthaei. 2. Aufl. Mit Abb. u. Tafeln. (Bd. 326.)
— **Deutsche B. im 19. Jahrh.** Von Geh. Reg.-Rat Prof. Dr. A. Matthaei. Mit 35 Abb. (Bd. 453.)
— siehe auch Renaissancearchitektur.
Beethoven siehe Haydn.

Bildende Kunst. Bau und Leben der b. K. Von Dir. Prof. Dr. Th. Volbehr. 2. Aufl. Mit 44 Abb. (Bd. 68.)
— siehe auch Baukunst, Griech. Kunst, Impressionismus, Kunst, Maler, Malerei, Stile.
Björnson siehe Ibsen.
Buch. Wie ein Buch entsteht siehe Abt. VI.
— s. auch Schrift- u. Buchwesen Abt. IV.
Dekorative Kunst des Altertums, Die. Von Dr. Fr. Poulsen. Mit 112 Abb. (Bd. 454.)
Deutsch siehe Baukunst, Drama, Frauendichtung, Heldensage, Kunst, Literatur, Lyrik, Maler, Malerei, Personennamen, Romantik, Sprache, Volkslied, Volkssage.
Drama, Das. Von Dr. B. Busse. Mit 3 Abb. 3 Bde. I: Von d. Antike z. franz. Klassizismus. II. Aufl., neubearb. von Oberl. Dr. Riedlich, Prof. Dr. R. Immelmann u. Prof. Dr. Glaser. II: Von Versailles bis Weimar. III: Von der Romantik zur Gegenwart. (Bd. 287/289.)

3

Jeder Band geheftet M. 1.20 Aus Natur und Geisteswelt Jeder Band gebunden M. 1.50
Verzeichnis der bisher erschienenen Bände innerhalb der Wissenschaften alphabetisch geordnet

Drama, D. dtsche. D. d. 19. Jahrh. J. f. Entwickl.bgest.v.Prof. Dr.G. Witkowski. 4. Aufl. M. Bildn. Hebbels. (Bd. 51.)
— siehe auch Grillparzer, Hauptmann, Hebbel, Ibsen, Lessing, Literatur, Schiller, Shakespeare, Theater.

Dürer, Albrecht. B. Prof. Dr. R. Wustmann. 2. Aufl. von Geh. Reg.-Rat Prof. Dr. A. Matthaei. Mit Titelb. u. zahlr. Abbildungen. (Bd. 97.)

Französisch siehe Roman.

Frauendichtung. Geschichte der deutschen F. seit 1800. Von Dr. H. Spiero. Mit 3 Bildnissen auf 1 Tafel. (Bd. 390.)

Fremdwortkunde. Von Dr. Elise Richter. (Bd. 570.)

Gartenkunst siehe Abt. VI.

Griech. Komödie, Die. B. Geh.-Rat. Prof. Dr. A. Körte. M. Titelb. u. 2 Taf. (400.)

Griechische Kunst. Die Blütezeit der g. K. im Spiegel der Relieffarkophage. Eine Einf. i. d. griech. Plastik. B. Prof. Dr. H. Wachtler. 2. A. M. zahlr. Abb. (272.)
— siehe auch Dekorative Kunst.

Griechische Tragödie, Die. Von Prof. Dr. J. Geffcken. Mit 5 Abb. i. Text u. auf 1 Tafel. (Bd. 566.)

Grillparzer, Franz. Der Mann u. Werk. B. Prof. Dr. A. Kleinberg. M. Bildn.

Gudrun siehe Nibelungenlied. (Bd. 513.)

Harmonielehre. Von Dr. H. Scholz. (Bd. 560.)

Harmonium s. Tasteninstrum.

Hauptmann, Gerhart. V. Prof. Dr. E. Sulger-Gebing. Mit 1 Bildn. 2., verb. u. verm. Aufl. (Bd. 283.)

Haydn, Mozart, Beethoven. Von Prof. Dr. C. Krebs. 2. Aufl. M. 4 Bildn. (92.)

Hebbel, Friedrich. Von Geh. Hofrat Prof. Dr. O. Walzel. M. 1 Bildn. 2. Aufl. (Bd. 408.)

Heldensage, Die germanische. Von Dr. J. W. Bruinier. (Bd. 486.)
— siehe auch Volkssage.

Homerische Dichtung, Die. Von Rektor Dr. G. Finsler. (Bd. 496.)

Ibsen, Björnson u. s. Zeitgenossen. Von Prof. Dr. V. Kahle. 2 Aufl. v. Dr. G. Morgenstern. M. 7 Bildn. (Bd. 193.)

Impressionismus, Die Maler des J. Von Prof. Dr. W. Lázàr. Mit 32 Abb. u. 1 farb. Tafel. (Bd. 395.)

Instrumente s. Tasteninstrum., Orchester.

Klavier siehe Tasteninstrumente.

Komödie siehe Griech. Komödie.

Kunst. Das Wesen der deutschen bildenden K. Von Geh. Rat Prof. Dr. H. Thode. (Bd. 585.)
— **Deutsche K. im tägl. Leben bis zum Schlusse d. 18. Jahrh.** B. Prof. Dr. H. Haendcke. Mit 63 Abb. (Bd. 198.)
— s. a. Baut., Bild., Dekor., Griech. K.; Pompeji, Stile; Gartenk. Abt. VI.

Kunstpflege in Haus und Heimat. Von Superint. R. Bürkner. 8. Aufl. Mit 29 Abb. (Bd. 77.)

Lessing. Von Dr. Ch. Schrempf. Mit einem Bildnis. (Bd. 403.)

Literatur. Entwickl. der deutsch. L. seit Goethes Tod. B. Dr. W. Brecht. (595.)

Lyrik. Geschichte d. deutsch. L. f. Claudius. B. Dr. H. Spiero. 2. Aufl. (Bd. 254.)
— siehe auch Frauendichtung, Literatur, Minnesang, Volkslied.

Maler, Die altdeutschen, in Süddeutschland. Von H. Nemitz. Mit 1 Abb. i. Text und Bilderanhang. (Bd. 464.)
— f. a. Michelangelo, Impression.

Malerei, Die deutsche, im 19. Jahrh. Von Prof. Dr. R. Hamann. 2 Bände Text, 2 Bände mit 57 ganzseitigen und 200 halbseitigen Abb., auch in 1 Halbpergamentbb. zu M. 7.—. (Bd. 448—451.)
— **Niederländische M. im 17. Jahrh.** Von Prof. Dr. H. Jantzen. Mit 37 Abb.
— siehe auch Rembrandt. [(Bd. 373.)]

Märchen s. Volksmärchen.

Michelangelo. Eine Einführung in das Verständnis seiner Werke. B. Prof. Dr. E. Hildebrandt. Mit 44 Abb. (392.)

Minnesang. Die Liebe im Liede des deutschen Mittelalters. Von Dr. J. W. Bruinier. (Bd. 404.)

Mozart siehe Haydn.

Musik. Die Grundlagen d. Tonkunst. Versuch einer entwicklungsgesch. Darstell. b. allg. Musiklehre. Von Prof. Dr. H. Rietsch. 2. Aufl. (Bd. 178.)
— **Musikalische Kompositionsformen.** V. E. G. Kallenberg. Band I: Die elementar. Tonverbindungen als Grundlage d. Harmonielehre. Bd. II: Kontrapunktik u. Formenlehre. (Bd. 412, 413.)
— **Geschichte der Musik.** Von Dr. A. Einstein. (Bd. 438.)
— **Beispielsammlung zur älteren Musikgeschichte.** B. Dr. A. Einstein. (439.)
— **Musikal. Romantik. Die Blütezeit d. m. M. in Deutschland.** Von Dr. E. Istel. Mit 1 Silhouette. (Bd. 239.)
— f. a. Haydn, Mozart, Beethoven, Oper, Orchester, Tasteninstrumente, Wagner.

Mythologie, Germanische. Von Prof. Dr. J. v. Negelein. 2. Aufl. (Bd. 95.)
— siehe auch Volkssage, Deutsche.

Nibelungenlied, Das, u. d. Gudrun. Von Prof. Dr. J. Körner. (Bd. 591.)

Niederländische Malerei s. Malerei.

Novelle siehe Roman.

Oper, Die moderne. Vom Tode Wagners bis zum Weltkrieg (1883—1914). Von Dr. E. Istel. Mit 3 Bildn. (Bd. 495.)
— siehe auch Haydn, Wagner.

Orchester, D. Instrumente d. O. B. Prof. Dr. Fr. Volbach. M. 60 Abb. (Bd. 384.)
— **Das moderne Orchester in seiner Entwicklung.** V. Prof. Dr. Fr. Volbach. Partiturbeisp. u. Taf. 2. Aufl. (Bd. 308.)

Orgel siehe Tasteninstrumente.

Personennamen, D. deutsch. B. Geh. Studienrat A. Bähnisch. 2. A. (Bd. 296.)

Jeder Band geheftet M. 1.20 Aus Natur und Geisteswelt Jeder Band gebunden M. 1.50
Sprache, Literatur, Bildende Kunst und Musik — Geschichte, Kulturgeschichte und Geographie

Perspektive, Grundzüge der P. nebst Anwendungen. Von Prof. Dr. K. Doehlemann. Mit 91 Fig. u. 11 Abb. (510.)
Phonetik. Einführ. in d. Ph. Wie wir sprechen. Von Dr. E. Richter. Mit 20 Abb. (Bd. 354.)
Photographie, Die künstlerische. Ihre Entwicklg., ihre Probl., ihre Bedeutg. V. Dr. W. Warstat. M. 1 Bilderanh. (Bd. 410.)
— s. auch Photographie Abt. VI.
Plastik s. Griech. Kunst, Michelangelo.
Poetik. Von Dr. R. Müller-Freienfels. (Bd. 460.)
Pompeji. Eine hellenist. Stadt in Italien. Von Prof. Dr. Fr. v. Duhn. 3. Aufl. M. 62 Abb. i. T. u. auf 1 Taf., sowie 1 Plan. (Bd. 114.)
Projektionslehre. In kurzer leichtfaßlicher Darstellung f. Selbstunterr. und Schulgebrauch. V. Zeichenl. A. Schudeisky. Mit 208 Fig. (Bd. 564.)
Rembrandt. Von Prof. Dr. B. Schubring. 2. Aufl. Mit 48 Abb. auf 28 Taf. i. Anh. (Bd. 158.)
Renaissancearchitektur in Italien. Von Dr. P. Frankl. 2 Bde. L. M. 12 Taf. u. 27 Textabb. II. M. Abb. (Bd. 381/382.)
Rhetorik. Von Lektor Prof. Dr. E. Geißler. 2. Bde. 2. Aufl. I. Richtlinien für die Kunst des Sprechens. II. Deutsche Redekunst. (Bd. 455/456.)
Roman. Der französische Roman und die Novelle. Ihre Geschichte v. d. Anf. b. z. Gegenw. Von D. Flake. (Bd. 377.)
Romantik, Deutsche. V. Geh. Hofrat Prof. Dr. O. F. Walzel. 4. Aufl. I. Die Weltanschauung. II. Die Dichtung. (Bd. 232/233.)
Sage siehe Heldensage, Mythol., Volkssage.
Schiller. Von Prof. Dr. Th. Ziegler. Mit 1 Bildn. 3. Aufl. (Bd. 74.)
Schillers Dramen. Von Progymnasialdirektor E. Heusermann. (Bd. 493.)
Shakespeare und seine Zeit. Von Prof. Dr. E. Sieper. M. 3 Abb. 2. Aufl. (185.)

Sprache, Die Haupttypen des menschlich. Sprachbaus. Von Prof. Dr. F. N. Finck. 2. Aufl. v. Prof. Dr. E. Kieders. (268.)
— Die deutsche Sprache von heute. Von Dr. W. Fischer. (Bd. 475.)
— Fremdwortkunde. Von Dr. Elise Richter. (Bd. 570.)
— siehe auch Phonetik, Rhetorik; ebenso Sprache u. Stimme Abt. V.
Sprachstämme, Die, des Erdkreises. Von Prof. Dr. F. N. Finck. 2. Aufl. (Bd. 267.)
Sprachwissenschaft. Von Prof. Dr. Kr. Sandfeld-Jensen. (Bd. 472.)
Stile, Die Entwicklungsgesch. St. in der bild. Kunst. Von Dozent Dr. E. Cohn-Wiener. 2 Bde. 2. Aufl. I.: V. Altertum bis zur Gotik. M. 66 Abb. II.: Von der Renaissance bis zur Gegenwart. Mit 42 Abb. (Bd. 317/318.)
Tasteninstrumente. Klavier, Orgel, Harmonium. Das Wesen der Tasteninstrumente. V. Prof. Dr. O. Bie. (Bd. 325.)
Theater, Das. Schauspielhaus u. -kunst v. griech. Altert. bis auf d. Gegenw. V. Prof. Dr. Chr. Gaedhe. 2. A. 18 Abb. (Bd. 230.)
Tragödie s. Griech. Tragödie.
Urheberrecht siehe Abt. VI.
Volkslied. Das deutsche. Über Wesen und Werden d. deutschen Volksgesanges. Von Dr. J. W. Bruinier. 5. Aufl. (Bd. 7.)
Volksmärchen. Das deutsche. Von Pfarrer K. Spieß. (Bd. 587.)
Volkssage, Die deutsche. Übersichtl. dargest. v. Dr. O. Bödel. 2. Aufl. (Bd. 262.)
— siehe auch Heldensage, Mythologie.
Wagner. Das Kunstwerk Richard W.s. Von Dr. E. Istel. M. 1 Bildn. 2. Aufl. (330.)
— siehe auch Musikal. Romantik u. Oper.
Zeichenkunst. Der Weg z. Z. Ein Büchlein für theoretische und praktische Selbstbildung. Von Dr. E. Weber. 2. Aufl. Mit 81 Abb. u. 1 Farbtafel. (Bd. 430.)
— s. auch Perspektive, Projektionslehre; Geometr. Zeichnen Abt. V.
Zeitungswesen. V. Dr. H. Diez. (Bd. 328.)

IV. Geschichte, Kulturgeschichte und Geographie.

Alpen, Die. Von H. Reishauer. 2., neub. Aufl. von Dr. H. Slanar. Mit 26 Abb. und 2 Karten. (Bd. 276.)
Altertum, Das, im Leben der Gegenwart. V. Prov.-Schul- u. Geh. Reg.-Rat Prof. Dr. P. Cauer. 2. Aufl. (Bd. 356.)
Amerika. Gesch. d. Verein. Staaten v. A. V. Prof. Dr. E. Daenell. 2. A. (Bd. 147.)
Amerikaner, Die. V. R. M. Butler. Dtsch. v. Prof. Dr. W. Taszowski. (Bd. 319.)
— s. Technische Hochschulen, Univers.
Amerikas Abt. II.
Antike Wirtschaftsgeschichte. V. Priv.-Doz. Dr. O. Neurath. 2. Aufl. (Bd. 258.)
Antikes Leben nach den ägyptischen Papyri. Von Geh. Postrat Prof. Dr. Fr. Preisigke. Mit 1 Tafel. (Bd. 565.)

Arbeiterbewegung s. Soziale Bewegungen.
Australien und Neuseeland. Land, Leute und Wirtschaft. Von Prof. Dr. R. Schachner. Mit 23 Abb. (Bd. 366.)
Babylonische Kultur, Die, i. Verbreit. u. i. Nachwirkungen auf d. Gegenw. V. Prof. Dr. F. E. Lehmann-Haupt. (Bd. 579.)
Baltische Provinzen. V. Dr. V. Tornius. 3. Aufl. M. 8 Abb. u. 2 Kartensk. (Bd. 542.)
Bauernhaus. Kulturgeschichte des deutschen B. Von Baurat Dr.-Ing. Chr. Ranck. 2. Aufl. Mit 70 Abb. (Bd. 121.)
Bauernstand. Gesch. b. dtsch. B. V. Prof. Dr. H. Gerdes. A., verb. Aufl. Mit 22 Abb. u. 1 Text (Bd. 320.)
Belgien. Von Dr. V. Oswald. 3. Aufl. Mit 5 Karten. (Bd. 501.)

Jeder Band geheftet M. 1.20 **Aus Natur und Geisteswelt** **Jeder Band gebunden M. 1.50**
Verzeichnis der bisher erschienenen Bände innerhalb der Wissenschaften alphabetisch geordnet

Bismarck und seine Zeit. Von Professor Dr. V. Valentin. Mit einem Titelbild. 4., durchges. Aufl. (Bd. 500.)
Böhmen. Von Prof. Dr. R. F. Kaindl. (Bd. 701.)
Brandenburg.-preuß. Gesch. Von Kgl. Archivar Dr. Fr. Israel. 2 Bde. I. B. b. ersten Anfängen b. z. Tode König Fr. Wilhelms I. 1740. II. Von dem Regierungsantritt Friedrichs d. Gr. bis zur Gegenwart. (Bd. 440/441.)
Bulgarien. V. Priv.-Doz. Dr. H. Grothe. (Bd. 597.)
Bürger im Mittelalter f. Städte.
Byzant. Charakterköpfe. Von Dr. phil. K. Dieterich. Mit 2 Bildn. (Bd. 244.)
Calvin, Johann. Von Pfarrer Dr. G. Sobeur. Mit 1 Bildnis. 2. Aufl. (Bd. 247.)
Christentum u. Weltgeschichte seit der Reformation. Von Prof. D. Dr. K. Sell. 2 Bde. (Bd. 297/298.)
Deutsch siehe Bauernhaus, Bauernstand, Dorf, Feste, Frauenleben, Geschichte, Handel, Handwerk, Reich, Staat, Städte, Verfassung, Verfassungsr., Volksstämme, Volkstrachten, Wirtschaftsleben usw.
Deutschtum im Ausland, Das, vor dem Weltkriege. Von Prof. Dr. R. Hoeniger. 2. Aufl. (Bd. 402.)
Dorf, Das deutsche. V. Prof. R. Mielke. 2. Aufl. Mit 51 Abb. (Bd. 192.)
Eiszeit, Die, und der vorgeschichtliche Mensch. Von Geh. Bergrat Prof. Dr. G. Steinmann. 2. Aufl. M. 24 Abbildungen. (Bd. 302.)
Entdeckungen, Das Zeitalter der E. Von Prof. Dr. S. Günther. 3. Aufl. Mit 1 Weltkarte. (Bd. 26.)
Erde siehe Meusch u. E.
Erdkunde, Allgemeine. 8 Bde. Mit Abb. I. Die Erde, ihre Bewegungen u. ihre Eigenschaften (math. Geographie u. Geonomie). Von Admiralitätsrat Prof. Dr. E. Kohlschütter. (Bd. 625.) II. Die Atmosphäre der Erde (Klimatologie, Meteorologie). Von Prof. O. Baschin. (Bd. 626.) III. Geomorphologie. Von Prof. F. Machatschek. (Bd. 627.) IV. Physiogeographie des Süßwassers. Von Prof. F. Machatschek. (Bd. 628.) V. Die Meere. Von Prof. Dr. A. Merz. (Bd. 629.) VI. Die Verbreitung der Pflanzen. Von Dr. Brockmann-Jerosch. (Bd. 630.) VII. Die Verbreitg. d. Tiere. V. Dr. W. Knopfli. (Bd. 631.) VIII. Die Verbreitg. d. Menschen auf d. Erdoberfläche (Anthropogeographie). V. Prof. Dr. W. Krebs. (Bd. 632.)
Europa. Vorgeschichte E.'s. Von Prof. Dr. H. Schmidt. (Bd. 571/572.)
Familienforschung. Von Dr. E. Devrient. M. Abb. u. Taf. 2. Aufl. (350.)
Feldherren, Große. Von Major F. E. Endres. (Bd. 687/688.)
Feste, Deutsche, u. Volksbräuche. V. Priv.-Doz. Dr. E. Fehrle. M. 30 Abb. (Bd. 518.)
Finnland. Von Lektor F. Ohquist. (700.)
Französische Geschichte. I.: Das französische Königstum. Von Prof. Dr. R. Schwemer. (Bd. 574.)
— siehe auch Napoleon, Revolution.
Frauenbewegung, Die moderne. Ein geschichtlicher Überblick. Von Dr. R. Schirmacher. 2. Aufl. (Bd. 67.)
Frauenleben, Deutsch., i. Wandel d. Jahrhunderte. Von Geh. Schulrat Dr. Ed. Otto. 3. Aufl. 12 Abb. i. T. (Bd. 45.)
Friedrich d. Gr. Von Prof. Dr. Th. Witterauf. 2. A. M. 2 Bildn. (Bd. 246.)
Gartenkunst. Gesch. d. G. V. Baurat Dr.-Ing. Chr. Rand. M. 41 Abb. (274.)
Geographie der Vorwelt (Paläogeographie). Von Priv.-Doz. Dr. E. Dacqué. Mit 21 Abb. (Bd. 619.)
Geologie siehe Abt. V.
German. Heldensage f. Heldensage.
Germanische Kultur in der Urzeit. Von Bibliotheksdir. Prof. Dr. G. Steinhausen. 3. Aufl. Mit 13 Abb. (Bd. 75.)
Geschichte, Deutsche, im 19. Jahrh. b. Reichseinheit. V. Prof. Dr. R. Schwemer. 3 Bde. I.: Von 1800—1848. Restauration und Revolution. 3. Aufl. (Bd. 87.) II.: Von 1848—1862. Die Reaktion und die neue Ära. 2. Aufl. (Bd. 101.) III.: Von 1862—1871. S. Bund u. Reich. 2. Aufl. (Bd. 102.)
Griechentum. Das G. in seiner geschichtlichen Entwicklung. Von Prof. Dr. R. v. Scala. Mit 46 Abb. (Bd. 471.)
Griechische Städte. Kulturbilder aus gr. St. Von Professor Dr. E. Siebarth. 2. A. M. 23 Abb. u. 2 Tafeln. (Bd. 131.)
Handel, Geschichte d. Welthandels. Von Realgymnasium-Dir. Dr. M. G. Schmidt. 3. Aufl. (Bd. 118.)
— **Geschichte des deutschen Handels seit d. Ausgang des Mittelalters.** Von Dir. Prof. Dr. W. Langenbeck. 2. Aufl. Mit 16 Tabellen. (Bd. 237.)
Handwerk, Das deutsche, in seiner kulturgeschichtl. Entwickl. Von Geh. Schulrat Dr. E. Otto. 4. Aufl. Mit 33 Abb. auf 12 Tafeln. (Bd. 14.)
— siehe auch Dekorative Kunst Abt. III.
Haus. Kunstpflege in Haus u. Heimat. V. Superint. R. Bürkner. 3. Aufl. Mit Abb. (Bd. 77.)
— siehe auch Bauernhaus, Dorf.
Heldensage, Die germanische. Von Dr. J. W. Bruinier. (Bd. 486.)
Hellenist.-röm. Kultur. Religionsgeschichte s. Abt. I.
Japaner, Die, i. d. Weltwirtschaft. Von Prof. Dr. K. Rathgen. 2. Aufl. (Bd. 72.)
Jesuiten, Die. Eine hist. Skizze. Von Prof. Dr. H. Boehmer. 4. Aufl. (Bd. 49.)
Indien. Von Prof. Dr. Sten Konow. (Bd. 614.)
Indogermanenfrage. Von Dir. Dr. R. Agahd. (Bd. 594.)
Internationale Leben, Das, der Gegenw. Von Dr. h. c. A. H. Fried. M. 1 Taf. (Bd. 226.)

6

Jeder Band geheftet M. 1.20 **Aus Natur und Geisteswelt** Jeder Band gebunden M. 1.50.
Geschichte, Kulturgeschichte und Geographie

Island, b. Land u. d. Volk. B. Prof. Dr. B. Herrmann. M. 9 Abb. (Bd 461.)
Kaisertum und Papsttum. Von Prof. Dr. A. Hofmeister. (Bd. 576.)
Kartenkunde. Vermessungs- u. K. 6 Bde. Mit Abb. I. Geogr. Ortsbestimmung. Von Prof. Schmauder. (Bd. 606.) II. Erdmessung. Von Prof. Dr. O. Eggert. (Bd. 607.) III. Landmessung. Von Steuerrat Sucow. (Bd. 608.) IV. Ausgleichungsrechnung. Von Geh. Reg.-Rat Prof. Dr. E. Hegemann. (Bd. 609.) V. Photogrammetrie und Stereophotogrammetrie. Von Diplom-Ing. H. Lüscher. (Bd. 610.) VI. Kartenkunde. Von Finanzrat Dr.-Ing. A. Egerer. 1. Einführ. i. d. Kartenverständnis. 2. Kartenherstellung (Landesaufn.). (Bd. 611/612.)
Kirche f. Staat u. K.
Kolonialgeschichte, Allgemeine. Von Prof. Dr. F. Reutgen. 2 Bde. (Bd. 545/546.)
Kolonien, Die deutschen. (Land u. Leute.) Von Dr. A. Heilborn. 3. Aufl. Mit 28. Abb. u. 8 Karten. (Bd. 98.)
Königtum, Französisches. Von Prof. Dr. R. Schwemer. (Bd. 574.)
Krieg und Sieg. Eine kurze Darstellung der mob. Kriegskunst. Von Major a. D. C. F. Endres. (Bd. 519.)
— **Kulturgeschichte d. Krieges.** Von Prof. Dr. K. Weule, Geh. Hofrat Prof. Dr. E. Bethe, Prof. Dr. A. Doren, Prof. Dr. B. Herre. (Bd. 561.)
— **Der Dreißigjährige Krieg.** Von Dr. Fritz Endres. (Bd. 577.)
— f. auch Feldherren.
Kriegsschiffe, Unsere. Ihre Entstehung u. Verwendung. B. Geh. Mar.-Baur. a. D. E. Krieger. 2. Aufl. v. Geh. Mar.-Baur. Fr. Schürer. M. 60 Abb. (389.)
Luther, Martin L. u. d. dtsche. Reformation. Von Prof. Dr. W. Köhler. M. 1 Bildn. Luthers. 2., verb. Aufl. (Bd. 515.)
— f. auch Von K. zu Bismarck.
Marx, Karl. Versuch einer Einführung. Von Prof. Dr. R. Wilbrandt. (621.)
Mensch u. Erde. Skizzen v. den Wechselbeziehungen zwischen beiden. Von Geh. Rat Prof. Dr. A. Kirchhoff. 4. Aufl.
— f. a. Eiszeit; Mensch i. Abt. V. (Bd. 31.)
Mittelalter. Mittelalterl. Kulturideale. B. Prof. Dr. B. Vedel. I.: Heldenleben. II: Ritterromantik. (Bd. 292, 293.)
— f. auch Städte u. Bürger i. M.
Moltke. B. Kaiserl. Militär. Major a. D. F. C. Endres. Mit 1 Bildn. (Bd. 415.)
Münze. Grundriß d. Münzkunde. 2. Aufl. I. Die Münze nach Wesen, Gebrauch u. Bedeutg. B. Hofrat Dr. A. Luschin v. Ebengreuth. M. 53 Abb. II. Die Münze d. Altertum b. z. Gegenw. Von Prof. Dr. B. Buchenau. M. Bb. 91, 657.)
— f. a. Finanzwiff., Geldwesen Abt. VI.
Mykenische Kultur, Die. Von Prof. Dr. F. C. Lehmann-Haupt. (Bd. 581.)

Mythologie f. Abt. I.
Napoleon I. Von Prof. Dr. Th. Bitterauf. 3. Aufl. Mit 1 Bildn. (Bd. 195.)
Nationalbewußtsein siehe Volk.
Natur u. Mensch. B. Realgymnasial-Dir. Prof. Dr. M. G. Schmidt. M. 19 Abb. (Bd. 458.)
Naturvölker, Die geistige Kultur der N. B. Prof. Dr. K. Th. Preuß. M. 9 Abb.
— f. a. Völkerkunde, allg. (Bd. 452.)
Neugriechenland. Von Prof. Dr. A. Heisenberg. (Bd. 613.)
Neuseeland f. Australien.
Orient f. Indien, Palästina, Türkei.
Österreich. O.s innere Geschichte von 1848 bis 1895. V. R. Charmatz. 3., veränd. Aufl. I. Die Vorherrschaft der Deutschen. II. Der Kampf der Nationen. (651/652.)
— Geschichte der auswärtigen Politik O.s im 19. Jahrhundert. V. R. Charmatz. 2., veränd. Aufl. I. Bis zum Sturze Metternichs. II. 1848—1895. (653/654.)
— Österreichs innere u. äußere Politik von 1895—1914. V. R. Charmatz. (655.)
Ostmark f. Abt. VI.
Ostseegebiet, Das. V. Prof. Dr. G. Braun. M. 21 Abb. u. 1 mehrf. Karte. (Bd. 367.)
— f. auch Baltische Provinzen, Finnland.
Palästina und seine Geschichte. Von Prof. Dr. H. Frh. von Soden. 3. Aufl. Mit 2 Karten, 1 Plan u. 6 Anf. (Bd. 6.)
— P. u. f. Kultur in 5 Jahrtausenden. Nach b. neuest. Ausgrab. u. Forschungen dargest. von Prof. Dr. P. Thomsen. 2., neubearb. Aufl. Mit 37 Abb. (260.)
Papsttum f. Kaisertum.
Papyri f. Antikes Leben.
Polarforschung. Geschichte der Entdeckungsreisen zum Nord- u. Südpol v. d. ältest. Zeiten bis zur Gegenw. V. Prof. Dr. K. Hassert. 3. Aufl. M. 6 Kart. (Bd. 38.)
Polen. Mit einem geschichtl. überblick üb. d. polnisch-ruthen. Frage. B. Prof. Dr. F. Kainbl. 2., verb. Aufl. M. 6 Kart. (547.)
Politik. V. Dr. A. Grabowsky. (Bd. 537.)
— Umrisse der Weltpolitik. B. Prof. Dr. J. Hashagen. 3 Bde. I: 1871 bis 1907. 2. Aufl. II: 1908—1914. 2. Aufl. III. d. polit. Ereign. währ. d. Krieges. (Bd. 553/555.)
— **Politische Geographie.** Von Prof. Dr. E. Schöne. Mit 7 Kart. (Bd. 353.)
— **Politische Hauptströmungen in Europa im 19. Jahrhundert.** Von Prof. Dr. K. Th. v. Heigel. 4. Aufl. von Dr. Fr. Endres. (Bd. 129.)
Pompeji, eine hellenistische Stadt in Italien. Von Prof. Dr. Fr. v. Duhn. 3. Aufl. Mit 62 Abb. i. T. u. auf 1 Taf., sowie 1 Plan. (Bd. 114.)
— **Preußische Geschichte** f. Brandenb.-pr. G.
Reaktion und neue Ära f. Gesch., deutsche.
Reformation f. Calvin, Luther.
Reich. Das Deutsche R. von 1871 b. z. Weltkrieg. V. Archivar Dr. F. Israel. (575.)
Religion f. Abt. I.

7

Jeder Band geheftet M. 1.20 Aus Natur und Geisteswelt Jeder Band gebunden M. 1.50
Verzeichnis der bisher erschienenen Bände innerhalb der Wissenschaften alphabetisch geordnet

Restauration und **Revolution** siehe Geschichte, deutsche.
Revolution. Geschichte der Französ. R. V. Prof. Dr. Th. Bitterauf. 2. Aufl. Mit 8 Bildn. (Bd. 346.)
— 1848. 6 Vorträge. Von Prof. Dr. O. Weber. 3. Aufl. (Bd. 53.)
Rom. Das alte Rom. Von Geh. Reg.-Rat Prof. Dr. O. Richter. Mit Bilderanhang u. 4 Plänen. (Bd. 386.)
— Soziale Kämpfe i. alt. Rom. V. Privatdozent Dr. L. Bloch. 3. Aufl. (Bd. 22.)
— Roms Kampf um die Weltherrschaft. V. Prof. Dr. J. Kromayer. (Bd. 368.)
Römer. Geschichte der R. Von Prof. Dr. R. v. Scala. (Bd. 578.)
— siehe auch Hellenist.-röm. Religionsgeschichte Abt. I; Pompeji Abt. II.
Rußland. Geschichte, Staat, Kultur. Von Dr. A. Luther. (Bd. 563.)
Schrift- und **Buchwesen** in alter und neuer Zeit. Von Prof. Dr. O. Weise. 4. Aufl. Mit zahlr. Abb. (Bd. 4.)
— s. a. Buch. Wie ein B. entsteht. Abt. VI.
Schweiz. Die. Land, Volk. Staat u. Wirtschaft. Von Reg.- u. Ständerat Prof. Dr. C. Wettstein. Mit 1 Karte. (Bd. 482.)
Seekrieg s. Kriegsschiff.
Sitten und **Gebräuche** in alter und neuer Zeit. Von Prof. Dr. E. Samter. (682.)
Soziale Bewegungen und **Theorien** bis zur modernen Arbeiterbewegung Von G. Maier. 5. Aufl. (Bd. 2.)
— s. a. Marx. Rom; Sozialism. Abt. VI.
Staat. St. u. Kirche in ihr. gegens. Verhältnis seit d. Reformation. V. Pfarrer Dr. phil. A. Pfannkuche. (Bd. 485.)
Städte, Die. Geogr. betrachtet. V. Prof. Dr. K. Hassert. M. 21 Abb. (Bd. 163.)
— Dtsche. Städte u. Bürger i. Mittelalter. V. Prof. Dr. B. Heil. 3.Aufl. Mit zahlr. Abb. u. 1 Doppeltafel. (Bd. 43.)
— Verfassung u. Verwaltung d. deutschen Städte. V. Dr. M. Schmid. (Bd. 466.)
— Historische Städtebilder aus Holland und Niederdeutschland. V. Reg.-Baum. a. D. A. Erbe. M. 59 Abb. (Bd. 117.)
— s. a. Griech. Städte, Pompeji, Rom.
Sternglaube und **Sterndeutung.** Die Geschichte u. d. Wesen d. Astrologie. Unt. Mitwirk. v. Geh. Rat Prof. Dr. C. Bezold dargest. v. Geh. Hofr. Prof. Dr. Fr. Boll. M. 1 Sternk. u. 20 Abb. (Bd. 638.)

Student. Der Leipziger, von 1409 bis 1909. Von Dr. W. Bruchmüller. Mit 25 Abb. (Bd. 273.)
Studententum. Geschichte d. deutschen St. Von Dr. W. Bruchmüller. (Bd. 477.)
Türkei, Die. V. Reg.-Rat V. R. Krause. Mit 2 Karten i. Text und auf 1 Tafel. 2. Aufl. (Bd. 469.)
Ungarn siehe Österreich.
Urzeit s. german. Kultur in der U.
Verfassung. Grundzüge der V. des Deutschen Reiches. Von Geheimrat Prof. Dr. E. Löning. 4. Aufl. (Bd. 34.)
Verfassungsrecht, Deutsches, in geschichtlicher Entwicklung. Von Prof. Dr. Ed. Hubrich. 2. Aufl. (Bd. 80.)
Vermessungs- u. **Kartenkunde** s. Karten.
Volk. Vom deutschen V. zum dt. Staat. Eine Gesch. d. dt. Nationalbewußtseins. V. Prof. Dr. V. Joachimsen. (Bd.511.)
Völkerkunde, Allgemeine. I: Feuer, Nahrungserwerb, Wohnung, Schmuck und Kleidung. Von Prof. Dr. A. Heilborn. M. 54 Abb. (Bd. 487.) II: Waffen u. Werkzeuge, Industrie, Handel u. Geld, Verkehrsmittel. Von Prof. Dr. A. Heilborn. M. 51 Abb. (Bd. 488.) III: Die geistige Kultur der Naturvölker. Von Prof. Dr. K. Th. Preuß. M. 9 Abb. (Bd. 452.)
Volksbräuche, deutsche, siehe Feste.
Volksstämme, Die deutschen, und Landschaften. Von Prof. Dr. O. Weise. 5., völlig umgearb. Aufl. Mit 3) Abb. i. Text u. auf 20 Taf. u. einer Dialektkarte Deutschlands. (Bd. 16.)
Volkstrachten, Deutsche. Von Pfarrer R. Spieß. Mit 11 Abb. (Bd. 342.)
Vom Bund zum Reich der deutschen Geschichte. Von Jena bis zum Wiener Kongreß. Von Prof. Dr. G. Roloff. (Bd. 455.)
Von Luther zu Bismarck. 12 Charakterbild. a. deutscher Gesch. V. Prof. Dr. O. Weber. 2 Bde. 2. Aufl. (Bd. 123/124.)
Vorgeschichte Europas. Von Prof. Dr. H. Schmidt. (Bd. 571/572.)
Weltgeschichte s. Christentum.
Welthandel s. Handel.
Weltpolitik s. Politik.
Wirtschaftsgeschichte, Antike. V. Priv.-Doz. Dr. O. Neurath. 2., umgearb. A. (258.)
— s. a. Antikes Leben n. d. ägypt. Papyri.
Wirtschaftsleben, Deutsches. Auf geogr. Grundl. gesch. V. Prof. Dr. Chr. Gruber. 3. Aufl. V. Dr. H. Reinlein. (42.)
— s. auch Abt. VI.

V. Mathematik, Naturwissenschaften und Medizin.

Aberglaube, Der, in der Medizin u. s. Gefahr f. Gesundh. u. Leben. V. Prof. Dr. D. v. Hansemann. 2. Aufl. (Bd. 83.)
Abstammungslehre u. Darwinismus. V. Pr. Dr. R. Hesse. 5. A. M. 40 Abb. (Bd. 39.)
Abstammungs- und **Vererbungslehre,** Experimentelle. Von Prof. Dr. E. Lehmann. Mit 26 Abb. (Bd. 379.)

Abwehrkräfte des Körpers, Die. Eine Einführung in die Immunitätslehre. Von Prof. Dr. med. H. Kämmerer. Mit 52 Abbildungen. (Bd. 479.)
Algebra siehe Arithmetik.
Ameisen, Die. Von Dr. med. H. Brun. (Bd. 601.)

Jeder Band geheftet M. 1.20 Aus Natur und Geisteswelt Jeder Band gebunden M. 1.50
Geschichte, Kulturgeschichte und Geographie — Mathematik, Naturwissenschaften und Medizin

Anatomie d. Menschen, Die. V. Prof. Dr. K. v. Bardeleben. 6 Bde. Jeder Bd. mit zahlr. Abb. (Bd. 418/423.) I. Zelle und Gewebe, Entwicklungsgeschichte. Der ganze Körper. 3. Aufl. II. Das Skelett. 2. Aufl. III. Das Muskel- u. Gefäßsystem. 2. Aufl. IV. Die Eingeweide (Darm-, Atmungs-, Harn- und Geschlechtsorgane, Haut). 3. Aufl. V. Nervensystem und Sinnesorgane. 2. Aufl. VI. Mechanik (Statik u. Kinetik) d. menschl. Körpers (der Körper in Ruhe u. Bewegung). 2. Aufl.
— siehe auch Wirbeltiere.

Aquarium. Das. Von E. W. Schmidt. Mit 15 Fig. (Bd. 335.)

Arbeitsleistungen des Menschen, Die. Einführ. in d. Arbeitsphysiologie. V. Prof. Dr. H. Boruttau. M. 14 Fig. (Bd. 539.)
— Berufswahl. Begabung u. Arbeitsleistung in i. gegens. Beziehungen. Von W. J. Ruttmann. Mit 7 Abb. (Bd. 522.)

Arithmetik und Algebra zum Selbstunterricht. Von Prof. P. Crantz. 2 Bände. I.: Die Rechnungsarten. Gleichungen 1. Grades mit einer u. mehreren Unbekann'en. Gleichungen 2. Grades. 5. Aufl. M. 9 Fig. II.: Gleichungen, Arithmet. u. geometr. Reih. Zinseszins- u. Rentenrechn. Kompl. Zahlen. Binom. Lehrsatz. 4. Aufl. Mit 21 Fig. (Bd. 120, 205.)

Arzneimittel und Genußmittel. Von Prof. Dr. O. Schmiedeberg. (Bd. 363.)

Arzt, Der. Seine Stellung und Aufgaben im Kulturleben der Gegenw. Ein Leitfaden der sozialen Medizin. Von Dr. med. M. Fürst. 2. Aufl. (Bd. 265.)

Astronomie. Probleme d. mod. A. V. Prof. Dr. S. Oppenheim. 11 Fig. (Bd. 355.)
— Die A. in ihrer Bedeutung für das praktische Leben. Von Prof. Dr. A. Marcuse. Mit 26 Abb. (Bd. 378.)
— siehe auch Weltall, Weltbild, Sonne, Mond, Planeten; Sternglaube. Abt. I.

Atome. Moleküle und Atome. V. Prof. Dr. G. Mie. 4. Aufl. M. Fig. (Bd. 58.)
— s. a. Weltallbau.

Auge, Das, und die Brille. Von Prof. Dr. M. v. Rohr. Mit 84 Abb. u. 1 Taf. 2. Aufl. (Bd. 372.)

Ausgleichungsrechnung siehe Kartenkunde Abt. IV.

Bakterien, Die, im Haushalt und der Natur des Menschen. Von Prof. Dr. E. Gutzeit. 2. Aufl. M. Mit 13 Abb. (242.)
— Die krankheiterregenden Bakterien. Von Prof. Dr. M. Loeblein. Mit 33 Abb. (Bd. 317.)
— s. a. Abwehrkräfte, Desinfektion, Pilze, Schädlinge.

Bau u. Tätigkeit d. menschl. Körpers. Einf. in die Physiologie d. Menschen. V. Prof. Dr. H. Sachs. 4. A. M. 34 Abb. (Bd. 32.)

Begabung f. Arbeitsleistung.

Befruchtungsvorgang, Der, sein Wesen und s. Bedeutung. V. Dr. E. Teichmann. 2. Aufl. M. 9 Abb. u. 4 Doppeltaf. (Bd. 70.)

Bewegungslehre f. Mechan., Aufg. a. b. M. L.

Biochemie. Einführung in die B. in elementarer Darstellung. Von Prof. Dr. M. Löb. Mit Fig. 2. Aufl. v. Prof. H. Friedenthal. (Bd. 352.)

Biologie, Allgemeine. Einführ. i. b. Hauptprobleme d. organ. Natur. V. Prof. Dr. H. Miehe. 2. Aufl. 52 Fig. (Bd. 130.)
—, Experimentelle. Regeneration, Transplantat. und verwandte Gebiete. Von Dr. E. Thesing. Mit 1 Tafel und 69 Textabbildungen. (Bd. 337.)
— siehe a. Abstammungslehre, Bakterien, Befruchtungsvorgang, Fortpflanzung, Lebewesen, Organismen, Schädlinge, Tiere, Urtiere.

Blumen. Unsere Bl. u. Pflanzen im Garten. Von Prof. Dr. U. Dammer. Mit 69 Abb. (Bd. 360.)
— Uns. Bl. u. Pflanzen i. Zimmer. V. Prof. Dr. U. Dammer. 65 Abb. (Bd. 359.)

Blut. Herz, Blutgefäße und Blut und ihre Erkrankungen. Von Prof. Dr. H. Rosin. Mit 18 Abb. (Bd. 312.)

Botanik. B. d. praktischen Lebens. V. Prof. Dr. B. Givenius. M. 24 Abb. (Bd. 173.)
— siehe Blumen, Lebewesen, Pflanzen, Pilze, Schädlinge, Wald; Kolonialbotanik, Tabak Abt. VI.

Brille. Das Auge und die Br. Von Prof. Dr. M. v. Rohr. Mit 84 Abb. und 1 Lichtbildtafel. 2. Aufl. (Bd. 372.)

Chemie. Einführung in die allg. Ch. V. Studienrat Dr. B. Bavink. M. 24 Fig. (Bd. 582.)
— Einführung in die organ. Chemie: Natürl. u. künstl. Pflanzen- u. Tierstoffe. Von Studienrat Dr. B. Bavink. M. 6 Abb. i. Text. 2. Aufl. (Bd. 187.)
— Einführung i. d. anorganische Chemie. V. Studienrat Dr. B. Bavink. (598.)
— Einführung i. d. analyt. Chemie. V. Dr. F. Rüsberg. 2 Bde. (Bd. 524, 525.)
— Die künstliche Herstellung von Naturstoffen. V. Prof. Dr. E. Rüst. (Bd. 674.)
— Ch. in Küche und Haus. Von Dr. J. Klein. 4. Aufl. (Bd. 76.)
— siehe a. Biochemie, Elektrochemie, Luft, Photoch.; Agrikulturch., Sprengstoffe, Technik. Chem. Abt. VI.

Chirurgie, Die, unserer Zeit. Von Prof. Dr. J. Feßler. Mit 52 Abb. (Bd. 339.)

Darwinismus. Abstammungslehre und D. Von Prof. Dr. R. Hesse. 5. Aufl. Mit 40 Textabb. (Bd. 39.)

Desinfektion. Sterilisation und Konservierung. Von Reg.- u. Med.-Rat Dr. O. Solbrig. M. 20 Abb. i. T. (Bd. 401.)

Differentialrechnung unter Berücksichtig. d. prakt. Anwendung in der Technik mit zahlr. Beispielen u. Aufgaben versehen. Von Studienrat Dr. M. Lindow. 2. A. M. 45 Fig. i. Text u. 161 Aufg. (387.)
— siehe a. Integralrechnung.

Dynamik f. Mechanik, Aufg. a. b. techn. M. 2. Bd., ebenso Thermodynamik.

Jeder Band geheftet M. 1.20   Aus Natur und Geisteswelt   Jeder Band gebunden M. 1.50
Verzeichnis der bisher erschienenen Bände innerhalb der Wissenschaften alphabetisch geordnet

Eiszeit, Die, und der vorgeschichtliche Mensch. Von Geh. Bergrat Prof. Dr. G. Steinmann. 2. Aufl. Mit 24 Abb. (Bd. 302.)
Elektrochemie. Von Prof. Dr. R. Arndt. 2. Aufl. Mit Abb. (Bd. 234.)
Elektrotechnik, Grundlagen der E. Von Oberingenieur A. Rotth. 2. Aufl. Mit 74 Abb. (Bd. 391.)
Energie. D. Lehre v. d. E. V. Oberlehr. A. Stein. 2. A. M. 13 Fig. (Bd. 257.)
Entwicklungsgeschichte d. Menschen. V. Dr. A. Heilborn. M. 60 Abb. (Bd. 388.)
Erde s. Weltentstehung u. -untergang.
Ernährung und Nahrungsmittel. 3. Aufl. von Geh. Reg.-Rat Prof. Dr. N. Zuntz. Mit 6 Abb. i. T. u. 2 Taf. (Bd. 19.)
Experimentalchemie s. Luft usw.
Experimentalphysik s. Physik.
Farben s. Licht u. F.; s. a. Farben Abt. VI.
Festigkeitslehre s. Statik.
Fortpflanzung. F. und Geschlechtsunterschiede d. Menschen. Eine Einführung in die Sexualbiologie. V. Prof. Dr. H. Boruttau. 2. Aufl. M. 30 Abb. (Bd. 540.)
Garten. Der Kleing. Von Redakteur Joh. Schneider. 2. Aufl. Mit Abb. (498.)
— **Der Hausgarten.** Von Gartenarchitekt B. Schubert. Mit Abb. (Bd. 502.)
— siehe auch Blumen, Pflanzen; Gartenkunst, Gartenstadtbewegung Abt. VI.
Geb., Das menschliche, s. Erkrankung u. Pflege. Von Zahnarzt Fr. Jäger. Mit 24 Abbildungen. (Bd. 229.)
Geisteskrankheiten. V. Geh. Med.-Rat Oberstabsarzt Dr. G. Ilberg. 2. A. (151.)
Genußmittel siehe Arzneimittel u. Genußmittel; Tabak Abt. VI.
Geographie s. Abt. IV.
— **Math.** G. s. Astronomie u. Erdkunde Abt. IV.
Geologie, Allgemeine. Von Geheimem Bergrat Prof. Dr. Fr. Frech. 6 Bde. (Bd. 207/211 u. 3.) I.: Vulkane einst und jetzt. 3. Aufl. Mit Titelbild u. 78 Abb. II.: Gebirgsbau und Erdbeben. 3., wesentl. erw. Aufl. Mit Titelbild u. 57 Abb. III. Die Arbeit des fließenden Wassers. M. 56 Abb. 3. Aufl. IV.: Die Bodenbildung, Mittelgebirgsformen und Arbeit des Ozeans. Mit 1 Titelbild und 68 Abb. 3., wesentl. erw. Aufl. V. Steinkohle, Wüsten und Klima der Vorzeit. Mit Titelbild und 49 Abb. 2. Aufl. VI. Gletscher einst u. jetzt. M. Titelbild u. 65 Abb. 2. Aufl.
— s. a. Kohlen, Salzlagerstätt. Abt. VI.
Geometrie. Analyt. G. d. Ebene z. Selbstunterricht. Von Prof. P. Crantz. Mit 55 Fig. (Bd. 504.)
— **Geometr. Zeichnen.** Von Zeichenlehrer A. Schubert. (Bd. 568.)
— s. a. Mathematik, Prakt. M., Planim., Projektionsl., Stereometr., Trigonometr.
Geomorphologie s. Allgem. Erdkunde.

Geschlechtskrankheiten, Die, ihr Wesen, ihre Verbreit., Bekämpfg. u. Verhütg. Für Gebildeten aller Stände bearb. v. Generalarzt Prof. Dr. W. Schumburg. 4. A. Mit 4 Abb. u. 1 mehrfarb. Taf. (251.)
Geschlechtsunterschiede s. Fortpflanzung.
Gesundheitslehre. Von Obermed.-Rat Prof. Dr. M. v. Gruber. 4. Aufl. Mit 26 Abbildungen. (Bd. 1.)
— **G. für Frauen.** Von Dir. Prof. Dr. K. Baisch. Mit 11 Abb. (Bd. 588.)
— s. a. Abwehrkräfte, Bakterien, Leibesüb.
Graph. Darstellung, Die. V. Hofrat Prof. Dr. F. Auerbach. M. 100 Abb. (487.)
Haushalt siehe Bakterien, Chemie, Desinfektion, Naturwissenschaften, Physik.
Haustiere. Die Stammesgeschichte unserer H. Von Prof. Dr. C. Keller. M. Fig. 2. Aufl. (Bd. 252.)
— s. a. Kleintierzucht, Tierzüchtg. Abt. VI.
Herz, Blutgefäße und Blut und ihre Erkrankungen. Von Prof. Dr. H. Rosin. Mit 18 Abb. (Bd. 312.)
Hygiene s. Schulhygiene, Stimme.
Hypnotismus und Suggestion. Von Dr. E. Trömner. 2. Aufl. (Bd. 199.)
Immunitätslehre s. Abwehrkräfte d. Körp.
Infinitesimalrechnung. Einführung in die J. Von Prof. Dr. G. Kowalewski. 2. Aufl. Mit 18 Fig. (Bd. 197.)
Integralrechnung mit Aufgabensammlung. V. Studienrat Dr. M. Lindow. 2. Aufl. Mit Fig. (Bd. 673.)
Kalender, Der. Von Prof. Dr. W. F. Wislicenus. 2. Aufl. (Bd. 69.)
Kälte, Die, ihre Erzeug. u. Verwert. Von Dr. H. Alt. 45 Abb. (Bd. 311.)
Kinematographie s. Abt. VI.
Konservierung siehe Desinfektion.
Korallen u. and. gesteinbild. Tiere. V. Prof. Dr. W. May. Mit 45 Abb. (Bd. 231.)
Kosmetik. Ein kurzer Abriß der ärztlichen Verschönerungskunde. Von Dr. J. Saubet. Mit 10 Abb. im Text. (Bd. 489.)
Lebewesen. Die Beziehungen der Tiere und Pflanzen zueinander. Von Prof. Dr. K. Kraepelin. 2. Aufl. M. 132 Abb. I. Der Tiere zueinander. II. Der Pflanzen zueinander u. zu d. Tier. (Bd. 426/427.)
— s. a. Biologie, Organismen, Schädlinge.
Leibesübungen, Die, und ihre Bedeutung für die Gesundheit. Von Prof. Dr. R. Zander. 4. Aufl. M. 27 Abb. (Bd. 18.)
— s. auch Turnen.
Licht, Das, u. d. Farben. Einführung in die Optik. Von Prof. Dr. L. Graetz. 4. Aufl. Mit 100 Abb. (Bd. 17.)
Luft, Wasser, Licht und Wärme. Neun Vorträge aus d. Gebiete d. Experimentalchemie. V. Geh. Reg.-Rat Dr. R. Blochmann. 4. Aufl. M. 115 Abb. (Bd. 5.)
Luftstickstoff, D., u. s. Verwertg. V. Prof. Dr. R. Kaiser. 2. A. 12 Abb. (Bd. 313.)
Maße und Messen. Von Dr. W. Block. Mit 34 Abb. (Bd. 385.)
Materie s. Weltäther.

Jeder Band geheftet M. 1.20 Aus Natur und Geisteswelt Jeder Band gebunden M. 1.50
Mathematik, Naturwissenschaften und Medizin

Mathematik. Einführung in die Mathematik. Von Oberlehrer B. Mendelsohn. Mit 42 Fig. (Bd. 503.)
— **Math. Formelsammlung.** Ein Wiederholungsbuch der Elementarmathematik. Von Prof. Dr. S. Jakobi. (Bd. 567.)
— **Naturwissensch. u. M. i. klass. Altertum.** Von Prof. Dr. Joh. L. Heiberg. Mit 2 Fig. (Bd. 370.)
— **Praktische M.** Von Prof. Dr. R. Neuendorff. I. Graphische Darstellungen. Verkürztes Rechnen. Das Rechnen mit Tabellen. Mechanische Rechenhilfsmittel. Kaufmännisches Rechnen i. tägl. Leben. Wahrscheinlichkeitsrechnung. 2., verb. A. M. 29 Fig. i. T. u. 1 Taf. II. Geom. Zeichnen. Projektionsl. Flächenmessung. Körpermessung. M. 133 Fig. (341, 526.)
— **Mathemat. Spiele.** B. Dr. W. Ahrens. 3. Aufl. M. Titelb. u. 77 Fig. (Bd. 170.)
— s. a. Arithmetik, Differentialrechnung, Geometrie, Infinitesimalrechnung, Integralrechnung, Perspektive, Planimetrie, Projektionslehre, Trigonometrie, Vektorrechnung, Wahrscheinlichkeitsrechnung.
Mechanik. Von Prof. Dr. Hamel. 3 Bde. I. Grundbegriffe der M. II. M. d. festen Körper. III. M. d. flüss. u. luftförm. Körper. (Bd. 684/686.)
— **Aufgaben aus d. techn. Mechanik.** B. Prof. R. Schmitt. M. zahlr. Fig. f. Bewegungsl., Statik 156 Auf. u. Lös. I. Dynamik. 140 Aufg. u. Lös. (558/559.)
— siehe auch Statik.
Meer. Das M., s. Erforsch. u. s. Leben. Von Prf. Dr. O. Janson. 3. A. M. 40 F. (Bd. 30.)
Mensch u. Erde. Skizzen von den Wechselbeziehungen zwischen beiden. Von Prof. Dr. A. Kirchhoff. 4. A. (Bd. 31.)
— s. auch Eiszeit, Entwicklungsgeschichte, Urzeit.
— Natur u. Mensch siehe Natur.
Menschl. Körper. Bau u. Tätigkeit d. menschl. K. Einführ. i. d. Physiol. d. M. B. Prof. Dr. H. Sachs. 4. Aufl. M. 34 Abb. (32.)
— s. auch Anatomie, Arbeitsleistungen, Auge, Blut, Gebiß, Herz, Fortpflanzg., Nervensystem, Physiol., Sinne, Verbild.
Mikroskop. Das. Allgemeinverständl. dargestellt. Von Prof. Dr. W. Scheffer. Mit 99 Abb. 2. Aufl. (Bd. 35.)
Moleküle u. Atome. Von Prof. Dr. G. Mie. 4. Aufl. Mit Fig. (Bd. 58.)
— s. a. Weltäther.
Mond, Der. Von Prof. Dr. J. Franz. Mit 34 Abb. 2. Aufl. (Bd. 90.)
Nahrungsmittel s. Ernährung u. N.
Natur u. Mensch. B. Direkt. Prof. Dr. M. S. Schmidt. Mit 19 Abb. (Bd. 458.)
Naturlehre. Die Grundbegriffe der modernen N. Einführung in die Physik. Von Hofrat Prof. Dr. F. Auerbach. 4. Aufl. Mit 71 Fig. (Bd. 40.)
Naturphilosophie, Die mod. B. Privatdoz. Dr. J. M. Verweyen. 2. A. (Bd. 491.)

Naturwissenschaft. Religion und N. in Kampf u. Frieden. Ein geschichtl. Rückblick. B. Pfarrer Dr. A. Pfannkuche. 2. Aufl. (Bd. 141.)
— **N. und Technik.** Am sausenden Webstuhl d. Zeit. Übersicht üb. d. Wirkungen d. Naturw. u. Technik a. d. ges. Kulturleben. B. Prof. Dr. W. Launhardt. 3. Aufl. Mit 3 Abb. (Bd. 23.)
— **N. u. Math. i. klass. Altert.** B. Prof. Dr. J. L. Heiberg. 2 Fig. (Bd. 370.)
Nerven. Vom Nervensystem, sein. Bau u. sein. Bedeutung für Leib u. Seele im gesund. u. krank. Zustande. B. Prof. Dr. R. Sander. 3. Aufl. M. 27 Fig. (Bd. 48.)
— siehe auch Anatomie.
Optik. Die opt. Instrumente. Lupe, Mikroskop, Fernrohr, photogr. Objektiv u. ihnen verwandte Instr. B. Prof. Dr. M. v. Rohr. 3. Aufl. M. 89 Abb. (88.)
— s. a. Auge, Brille, Kinemat., Licht u. Farbe, Mikrosk., Spektroskop, Strahlen.
Organismen. D. Welt d. O. In Entwickl. und Zusammenhang dargestellt. Von Oberstudienrat Prof. Dr. R. Lambert. Mit 52 Abb. (Bd. 236.)
— siehe auch Lebewesen.
Paläozoologie siehe Tiere der Vorwelt.
Perspektive, Die, Grundzüge d. P. nebst Anwendg. B. Prof. Dr. K. Doehlemann. Mit 91 Fig. u. 11 Abb. (Bd. 510.)
Pflanzen. Die fleischfress. Pfl. B. Prof. Dr. A. Wagner. Mit 82 Abb. (Bd. 344.)
— Uns. Blumen u. Pfl. i. Garten. B. Prof. Dr. U. Dammer. M. 69 Abb. (Bd. 360.)
— Uns. Blumen u. Pfl. i. Zimmer. B. Prof. Dr. U. Dammer. M. 65 Abb. (Bd. 359.)
— s. auch Botanik, Garten, Lebewesen, Pilze, Schädlinge.
Pflanzenphysiologie. B. Prof. Dr. H. Molisch. Mit 63 Fig. (Bd. 569.)
Photochemie. Von Prof. Dr. G. Kümmell. Mit 23 Abb. i. Text u. a. 1 Taf. 2. Aufl. (Bd. 227.)
Photographie f. Abt. VI.
Physik. Werdegang d. mod. Ph. B. Oberl. Dr. H. Keller. M. Fig. 2. Aufl. (848.)
— **Experimentalphysik.** Gleichgewicht u. Bewegung. Von Geh. Reg.-Rat. Prof. Dr. R. Börnstein. M. 90 Abb. (371.)
— **Physik in Küche und Haus.** Von Prof. H. Speitkamp. M. 51 Abb. (Bd. 478.)
— **Große Physiker.** Von Prof. Dr. F. A. Schulze. 2. Aufl. Mit 6 Bildn. (824.)
— s. auch Energie, Naturlehre, Optik, Relativitätstheorie, Wärme; ebenso Elektrotechnik Abt. VI.
Physiologie. Ph. d. Menschen. B. Privatdoz. Dr. A. Lipschütz. 4 Bde. I: Allgem. Physiologie. II: Physiologie d. Stoffwechsels. III: Ph. d. Atmung, d. Kreislaufs u. d. Ausscheidung. IV: Ph. der Bewegungen und der Empfindungen. (Bd. 527—530.)
— siehe auch Arbeitsleistungen, Menschl. Körper, Pflanzenphysiologie.

Jeder Band geheftet M. 1.20 Aus Natur und Geisteswelt Jeder Band gebunden M. 1.50
Verzeichnis der bisher erschienenen Bände innerhalb der Wissenschaften alphabetisch geordnet

Pilze, Die. Von Dr. A. Eichinger. Mit — s. a. Bakterien. [64 Abb. (Bd. 334.)
Planeten, Die. Von Prof. Dr. B. Peter. Mit Fig. 2. Aufl. von Dr. H. Naumann. (Bd. 240.)
Planimetrie z. Selbstunterricht. V. Prof. B. Cranz. M. 94 Fig. 2. Aufl. (340.)
Praktische Mathematik s. Mathematik.
Projektionslehre. In kurzer leichtfaßlicher Darstellung f. Selbstunterr. u. Schulgebr. Von Zeichenl. A. Schubeisty. Mit 208 Fig. im Text. (Bd. 564.)
Radium, Das, und die Radioaktivität V. Dr. M. Centnerszwer. M. 33 Abb. (Bd. 405.)
Rechenmaschinen, Die, und das Maschinenrechnen. Von Reg.-Rat Dipl.-Ing. K. Lenz. Mit 43 Abb. (Bd. 490.)
Relativitätstheorie, Einführung in die. Von Dr. W. Bloch. (Bd. 618.)
Röntgenstrahlen, D. R. u. ihre Anwendg. V. Dr. med. G. Buch. M. 85 Abb. i. T. u. auf 4 Tafeln. (Bd. 556.)
Säuglingspflege. Von Dr. E. Kobrak. 2. Aufl. Mit Abb. (Bd. 154.)
Schachspiel, Das, und seine strategischen Prinzipien. V. Dr. M. Lange. 3., veränd. Aufl. Mit 2 Bildn., 1 Schachbretttafel u. 43 Darst. v. Übungsbeispiel. (Bd. 281.)
— Die Hauptvertreter der Schachspielkunst u. d. Eigenart ihrer Spielführung. Von Dr. M. Lange. (Bd. 531.)
Schädlinge, Die, im Tier- u. Pflanzenreich u. i. Bekämpf. B. Geh. Reg.-Rat Prof. Dr. K. Eckstein. 3. A. M. 36 Fig. (18.)
Schulhygiene. Von Prof. Dr. L. Burgerstein. 3. Aufl. Mit 43 Fig. (Bd. 96.)
Sexualbiologie s. Fortpflanzung, Pflanzen.
Sexualethik. V. Prof. Dr. H. E. Timerding. (Bd. 592.)
Sinne d. Mensch., D. Sinnesorgane u. Sinnesempfindungen. V. Hofrat Prof. Dr. J. Kreibig. 3. Aufl. M. 30 Abb. (27.)
Sonne, Die. Von Dr. A. Krause. Mit 64 Abb. (Bd. 357.)
Spektroskopie. Von Dr. L. Grebe. 2. Aufl. Mit Abbild. (Bd. 284.)
Spiel siehe Mathem. Spiele, Schachspiel.
Sprache. Entwicklung der Spr. und Heilung ihrer Gebrechen bei Normalen, Schwachsinnigen und Schwerhörigen. V. Lehrer K. Nickel. (Bd. 586.)
— siehe auch Rhetorik, Sprache Abt. III.
Statik. Mit Einschluß der Festigkeitslehre. V. Baugewerkschuldirektor Reg.-Baum.-A. Schau. Mit 149 Fig. i. T. (Bd. 497.)
— siehe auch Mechanik.
Sterilisation siehe Desinfektion.
Stickstoff s. Luftstickstoff.
Stimme. Die menschliche St. und ihre Hygiene. Von Prof. Dr. H. Gerber. 3., veränd. Aufl. Mit 20 Abb. (Bd. 136.)
Strahlen. Sichtbare u. unsichtb. V. Prof. Dr. R. Börnstein und Prof. Dr. W. Marckwald. 3. Aufl. von Prof. Dr. E. Regener. Mit Abb. (Bd. 64.)

Suggestion. Hypnotismus und Suggestion. V. Dr. E. Trömner. 2. Aufl. (Bd. 199.)
Süßwasser-Plankton, Das. V. Prof. Dr. O. Zacharias. 2. A. 57 Abb. (Bd. 156.)
Thermodynamik s. Abt. VI.
Tiere. T. der Vorwelt. Von Prof. Dr. O. Abel. Mit 31 Abb. (Bd. 399.)
— Die Fortpflanzung der T. V. Prof. Dr. R. Goldschmidt. Mit 77 Abb. (Bd. 253.)
— Tierkunde. Eine Einführung in die Zoologie. Von Privatdozent Dr. K. Hennings. Mit 34 Abb. (Bd. 142.)
— Lebensbedingungen und Verbreitung der Tiere. Von Prof. Dr. O. Maas. Mit 11 Karten und Abb. (Bd. 139.)
— Zwiegestalt der Geschlechter in der Tierwelt (Dimorphismus). Von Dr. Fr. Knauer. Mit 37 Fig. (Bd. 148.)
— s. auch Aquarium, Bakterien, Haustiere, Korallen, Lebewesen, Schädlinge, Urtiere, Vogelleben, Vogelzug, Wirbeltiere.
Tierzucht siehe Abt. VI: Kleintierzucht, Tierzüchtung.
Trigonometrie, Ebene, z. Selbstunterr. V. Prof. B. Cranz. 2. Aufl. M. 50 Fig. (Bd. 431.)
— Sphärische Tr. Von Prof. V. Cranz. (Bd. 605.)
Tuberkulose, Die, Wesen, Verbreitung, Ursache, Verhütung und Heilung. Von Generalarzt Prof. Dr. W. Schumburg. 2. Aufl. M. 1 Taf. u. 8 Fig. (Bd. 47.)
Turnen. Von Oberl. F. Eckardt. Mit 1 Bildnis Jahns. (Bd. 583.)
— s. auch Leibesübungen, Anatomie d. Menschen Bd. VI.
Urtiere, Die. Einführung i. d. Wissenschaft vom Leben. Von Prof. Dr. R. Goldschmidt. 2. A. M. 44 Abb. (Bd. 160.)
Urzeit. Der Mensch d. U. Vier Vorlesung. aus der Entwicklungsgeschichte des Menschengeschlechts. Von Dr. M. Heilborn. 3. Aufl. Mit zahlr. Abb. (Bd. 62.)
Vektorrechnung, Einführung in die. Von Prof. Dr. F. Jung. (Bd. 668.)
Verbildungen, Körperliche, im Kindesalter u. ihre Verhütung. Von Dr. M. Davids. Mit 26 Abb. (Bd. 321.)
Vererbung. Erb. Abstammgs.- u. B.-Lehre. Von Prof. Dr. E. Lehmann. Mit 20 Abbildungen. (Bd. 379.)
— Geistige Veranlagung u. V. B. Dr. phil. und med. G. Sommer. (Bd. 512.)
Vogelleben, Deutsches. Zugleich als Exkursionsbuch für Vogelfreunde. V. Prof. Dr. A. Voigt. 2. Aufl. (Bd. 221.)
Vogelzug und Vogelschutz. Von Dr. F. Eckardt. Mit 6 Abb. (Bd. 218.)
Wahrscheinlichkeitsrechnung, Einführ. in die. Von Prof. Dr. K. Suppantschitsch. (Bd. 580.)
Wald, Der dtsche. V. Prof. Dr. H. Hausrath. 2. Afl. M. Bilderanh. u. 2. Karten. — siehe auch Holz Abt. VI. [(Bd. 153.)

Jeder Band geheftet M. 1.20 Aus Natur und Geisteswelt Jeder Band gebunden M. 1.50
Mathematik, Naturwissenschaften und Medizin — Recht, Wirtschaft und Technik

Wärme. Die Lehre v. d. W. B. Geh. Reg.-Rat Prof. Dr. R. Börnstein. Mit Abb. 2. Aufl. v. Prof. Dr. A. Wigand. (172.)
— s. a. Luft, Wärmekraftmasch., Wärmelehre, techn. Thermodynamik Abt. VI.
Wasser, Das. Von Geh. Reg.-Rat Dr. O. Anselmino. Mit 44 Abb. (Bd. 291.)
Weidwerk. D. dtsche. W. Forstmstr. G. Frhr. v. Nordenflycht. M. Titelb. (Bd. 436.)
Weltall, Der Bau des W. Von Prof. Dr. J. Scheiner. 4. A. M. 26 Fig. (Bd. 24.)
Weltäther und Materie. Von Prof. Dr. G. Mie. Mit Fig. 4. Aufl. (Bd. 59.)
— s. auch Molekül.
Weltbild. Das astronomische W. im Wandel der Zeit. Von Prof. Dr. S. Oppenheim. 2. Aufl. Mit 19 Abb. (Bd. 110.)
— siehe auch Astronomie.
Weltentstehung. Entstehung d. W. n. d. Erde nach Sage u. Wissensch. B. Prof. Dr. M. B. Weinstein. 2. Aufl. (Bd. 223.)
Weltuntergang. Untergang der Welt und der Erde nach Sage und Wissenschaft. B. Prof. Dr. M. B. Weinstein. (Bd. 470.)
Wetter. Unser W. Eine Einführ. in die Klimatologie Deutschl. an d. Hand v. Wetterkarten. 2. Aufl. B. Dr. R. Hennig. Mit Abb. (Bd. 349.)
— Einführung in die Wetterkunde. Von Prof. Dr. L. Weber. 3. Aufl. von „Wind und Wetter". Mit 28 Fig. u. 3 Taf. (Bd. 55.)
Wirbeltiere. Vergleichende Anatomie der Sinnesorgane der W. Von Prof. Dr. B. Lubosch. Mit 107 Abb. (Bd. 282.)
Zahnheilkunde siehe Gebiß.
Zellen- und Gewebelehre siehe Anatomie des Menschen, Biologie.
Zoologie s. Abstammungsl., Aquarium, Biologie, Schädlinge, Tiere, Urtiere, Vogelleben, Vogelzug, Weidwerk, Wirbeltiere.

VI. Recht, Wirtschaft und Technik.

Agrikulturchemie. Von Dr. B. Krische. Mit 21 Abb. (Bd. 314.)
Angestellte siehe Kaufmännische A.
Antike Wirtschaftsgeschichte. B. Priv.-Doz. Dr. O. Neurath. 2. umgearb. A. (258.)
— siehe auch Antikes Leben Abt. IV.
Arbeiterschutz und Arbeiterversicherung. B. Geh. Hofrat Prof. Dr. O. v. Zwiedineck-Südenhorst. 2. Aufl. (78.)
Arbeitsleistungen des Menschen, Die. (Einführ. in d. Arbeitsphysiologie. B. Prof. Dr. H Boruttau. M. 14 Fig. (Bd. 539.)
— Berufswahl, Begabung u. A. in ihren gegenseitigen Beziehungen. Von B. J. Ruttmann. Mit 7 Abb. (Bd. 522.)
Arzneimittel und Genußmittel. Von Prof. Dr. O. Schmiedeberg. (Bd. 363.)
Arzt, Der. Seine Stellung und Aufgaben im Kulturleben der Gegenw. Von Dr. med. M. Fürst. (Bd. 265.)
Automobil, Das. Eine Einf. in d. Bau d. heut. Personen-Kraftwagens. B. Ob.-Jng. K. Blau u. B., überarb. Aufl. M. 98 Abb. u. 1 Titelbild. (Bd. 166.)
Baukunde s. Eisenbetonbau.
Baukunst siehe Abt. III.
Beleuchtungswesen, Das moderne. Von Jng. Dr. H. Lux. M. 54 Abb. (Bd. 433.)
Bergbau. Von Bergassessor F. W. Wedding. (Bd. 467.)
Bewegungslehre f. Mechan., Aufg. a. d. M.
Bierbrauerei. Von Dr. A. Bau. Mit 47 Abb. (Bd. 333.)
Bilanz s. Buchhaltung u. B.
Blumen. Unf. Bl. u. Pfl. i. Garten. Von Prof. Dr. R. Dammer. Mit 69 Abb. (Bd. 360.)
— Unf. Bl. u. Pfl. i. Zimmer. B. Prof. Dr. U. Dammer. M. 65 Abb (Bd. 359.)
— siehe auch Garten.
Brauerei s. Bierbrauerei.
Buch. Wie ein B. entsteht. B. Prof. A. W. Unger. 4. Aufl. M. 7 Taf. u. 26 Abb. im Text. (Bd. 175.)
— s. a. Schrift- u. Buchwesen Abt. IV.
Buchhaltung u. Bilanz. Kaufm., und ihre Beziehungen z. buchhalter. Organisation, Kontrolle u. Statistik. B. Dr. B. Geritner. Mit 4 schemat. Darstell. 2. Aufl. (Bd. 507.)
Chemie in Küche und Haus. Von Dr. J. Klein. 4. Aufl. (Bd. 76.)
— s. auch Agrikulturchemie, Elektrochemie, Farben, Sprengstoffe, Technik; ferner Chemie Abt. V.
Dampfkessel siehe Feuerungsanlagen.
Dampfmaschine, Die. Von Geh. Bergrat Prof. R. Vater. 2 Bde. I: Wirkungsweise des Dampfes im Kessel und in der Maschine. 4. Aufl. M. 37 Abb. (Bd. 393.) II: Ihre Gestaltung und Verwendung. 2. Aufl. Mit 105 Abb. (Bd. 394.)
Desinfektion. Sterilisation und Konservierung. Von Reg.- und Med.-Rat Dr. O. Solbrig. Mit 20 Abb. (Bd. 401.)
Deutsch s. Handel, Handwerk, Landwirtschaft, Verfassung, Weidwerk, Wirtschaftsleben, Zivilprozeßrecht; Reich Abt. IV.
Drähte und Kabel, ihre Anfertigung und Anwend. in d. Elektrotechnik. B. Telegr.-Insp. H. Brick. M. 43 Abb. (Bd. 285.)
Dynamik f. Mechanik, Aufg. a. d. M. 2. Bd., ebenso Thermodynamik.
Eisenbahnwesen, Das. Von Eisenbahnbau- u. Betriebsinsp. a. D. Dr.-Jng. B. Biedermann. 2. Aufl. M. 56 Abb. (144.)
Eisenbetonbau. Von Dipl.-Jng. E. Haimovici. 2. Aufl. M. Abb. u. 38 Skizzen sowie 18 Rechnungsbeisp. (Bd. 275.)
Eisenhüttenwesen, Das. Von Geh. Bergrat Prof. Dr. H. Wedding. 5. Aufl. v. Bergassessor F. W. Wedding. M. Fig. (20.)

13

Jeder Band geheftet M. 1.20 Aus Natur und Geisteswelt Jeder Band gebunden M. 1.50
Verzeichnis der bisher erschienenen Bände innerhalb der Wissenschaften alphabetisch geordnet

Elektrische Kraftübertragung, Die. V. Ing. V. Köhn. Mit 137 Abb. (Bd. 424.)
Elektrochemie. Von Prof. Dr. K. Arndt. Mit 38 Abb. (Bd. 234.)
Elektrotechnik. Grundlagen d. E. V. Obering. A. Rotth. 2. Aufl. M. 74 Abb. (391.)
— s. auch Drähte u. Kabel, Telegraphie.
Erbrecht. Testamentserrichtung und E. Von Prof. Dr. F. Leonhard. (Bd. 429.)
Ernährung u. Nahrungsmittel s. Abt. V.
Farben u. Farbstoffe. J. Erzeug. u. Verwend. V. Dr. A. Bart. 31 Abb. (Bd. 483.)
— siehe auch Licht Abt. V.
Fernsprechtechnik s. Telegraphie.
Feuerungsanlagen, Industr. u. Dampfkessel. V. Ing. J. E. Mayer. 88 Abb. (Bd. 348.)
Finanzwissenschaft. Von Prof. Dr. S. P. Altmann. 2 Bde. 2. Aufl. I. Allg. Teil. II. Besond. Teil. (Bd. 549—550.)
— siehe auch Geldwesen.
Funkentelegraphie siehe Telegraphie.
Fürsorge siehe Kriegsbeschädigtenfürsorge, Kinderfürsorge.
Garten. Der Kleingarten. V. Hauptschriftl. Joh. Schneider. 2. Aufl. Mit Abb. (Bd. 498.)
— Der Hausgarten. Von Gartenarchitekt W. Schubert. Mit Abb. (Bd. 502.)
— siehe auch Blumen.
Gartenkunst. Gesch. d. G. V. Baurat Dr.-Ing. Chr. Ranck. M. 41 Abb. (Bd. 274.)
Gartenstadtbewegung, Die. Von Landeswohnungsinspektor Dr. H. Kampfmeyer. 2. Aufl. M. 43 Abb. (Bd. 259.)
Gefängniswesen s. Verbrechen.
Geldwesen, Zahlungsverkehr u. Vermögensverwalt. Von G. Maier. 2. Aufl. (398.)
— s. a. Finanzwissensch.: Münze Abt. IV.
Genußmittel siehe Arzneimittel. Genußmittel, Tabak.
Geschütze. Von Generalmajor a. D. K. Bahn. (Bd. 365.)
Gewerblicher Rechtsschutz i. Deutschland. V. Patentanw. V. Tolksdorf. (Bd. 138.)
— siehe auch Urheberrecht.
Graphische Darstell., Die. V. Hofrat Prof. Dr. F. Auerbach. M. 100 Abb. (Bd. 437.)
Handel. Geschichte d. Welth. Von Realgymnasialdirektor Dr. M. G. Schmidt. 3. Aufl. (Bd. 118.)
— Geschichte des deutschen Handels. Seit d. Ausgang des Mittelalters. Von Dir. Prof. Dr. W. Langenbeck. 2. Aufl. Mit 16 Tabellen. (Bd. 237.)
Handfeuerwaffen, Die. Entwickl. u. Techn. V. Major W. Weiß. 69 Abb. (Bd. 364.)
Handwerk, D. deutsche, in s. kulturgeschichtl. Entwicklg. V. Geh. Schulr. Dr. E. Otto. 4. Aufl. M. 33 Abb. auf 12 Taf. (Bd. 14.)
Haushalt s. Chemie, Desinfektion, Garten, Jurisprudenz, Physik; Nahrungsmittel Abt. IV; Batterien Abt. V.
Häuserbau siehe Baukunde, Beleuchtungswesen, Heizung und Lüftung.

Hebezeuge. Hilfsmittel zum Heben fester, flüssiger und gasf. Körper. Von Geh. Bergrat Prof. R. Vater. 2. Aufl. M. 67 Abb. (Bd. 196.)
Heizung und Lüftung. Von Ingenieur J. E. Mayer. Mit 40 Abb. (Bd. 241.)
Holz, Das H., seine Bearbeitung u. seine Verwendg. V. Insp. J. Großmann. Mit 39 Originalabb. i. T. (Bd. 473.)
Hotelwesen, Das. Von P. Damm-Etienne. Mit 30 Abb. (Bd. 331.)
Hüttenwesen siehe Eisenhüttenwesen.
Japaner, Die, i. b. Weltwirtschaft. V. Prof. Dr. K. Rathgen. 2. Aufl. (Bd. 72.)
Immunitätslehre s. Abwehrkräfte Abt. V.
Ingenieurtechnik. Schöpfungen d. J. der Neuzeit. Von Geh. Regierungsrat K. Gettel. Mit 32 Abb. (Bd. 28.)
Instrumente siehe Optische J.
Kabel s. Drähte und K.
Kälte, Die, ihr Wesen, ihre Erzeugung und Verwertung. Von Dr. H. Alt. Mit 45 Abb. (Bd. 311.)
Kaufmann. Das Recht des K. Ein Leitfaden f. Kaufleute, Studier. u. Juristen. V. Justizrat Dr. M. Strauß. (Bd. 409.)
Kaufmännische Angestellte. D. Recht d. k. A. Von Justizrat Dr. M. Strauß. (Bd. 361.)
Kinderfürsorge. Von Prof. Dr. Chr. J. Klumker. (Bd. 620.)
Kinematographie. Von Dr. H. Lehmann. Mit Abb. 2. Aufl. von Dr. W. Merté. (Bd. 358.)
Klein- u. Straßenbahnen, Die. V. Obering. a. D. Oberlehrer A. Liebmann. Mit 85 Abb. (Bd. 322.)
Kleintierzucht, Die. Von Hauptschriftleiter Joh. Schneider. Mit 59 Fig. i. Text u. auf 6 Tafeln. (Bd. 604.)
— siehe auch Tierzüchtung.
Kohlen, Unsere. V. Bergass. V. Kukul. Mit 60 Abb. i. Text u. 3 Taf. (Bd. 396.)
Kolonialbotanik. Von Prof. Dr. F. Tobler. Mit 21 Abb. (Bd. 184.)
Kolonisation, Innere. Von A. Brenning. (Bd. 261.)
Konservierung siehe Desinfektion.
Konsumgenossenschaft, Die. Von Prof. Dr. F. Staudinger. (Bd. 222.)
— s. auch Mittelstandsbewegung, Wirtschaftliche Organisationen.
Kraftanlagen siehe Feuerungsanlagen und Dampfkessel, Dampfmaschine, Wärmekraftmaschine, Wasserkraftmaschine.
Kraftübertragung, Die elektrische. Von Ing. V. Köhn. Mit 137 Abb. (Bd. 424.)
Krieg. Kulturgeschichte d. K. V. Prof. Dr. K. Weule, Geh. Hofrat Prof. Dr. E. Bethe, Prof. Dr. W. Schmeidler, Prof. Dr. A. Doren, Prof. D. V. Herre. (Bd. 561.)

14

Jeder Band geheftet M. 1.20 Aus Natur und Geisteswelt Jeder Band gebunden M. 1.50
Recht, Wirtschaft und Technik

Kriegsbeschädigtenfürsorge. In Verbindung mit Med.-Rat, Oberstabsarzt u. Chefarzt Dr. Rebentisch, Gewerbeschulbir. H. Bach, Direktor des Städt. Arbeitsamts Dr. B. Schlotter herausgeg. von Dr. E. Kraus, Leiter des Städt. Fürsorgeamts für Kriegshinterbliebene in Frankfurt a. M. Mit 2 Abbildungstafeln. (Bd. 523.)

Kriegsschiffe, Unsere. Ihre Entstehung und Verwendung. Von Geh. Marinebaurat a. D. E. Krieger. 2. Aufl. von Marinebaurat Fr. Schürer. Mit 62 Abbildungen. (Bd. 389.)

Kriminalistik, Moderne. Von Amtsrichter Dr. A. Hellwig. M.18 Abb. (Bd. 476.)
— f. a. Verbrechen, Verbrecher.

Küche siehe Chemie in Küche und Haus.

Landwirtschaft, Die. B. Dr.W. Claaßen. 2. Aufl. M. 15 Abb. u. 1 Karte. (215.)
— f. auch Agrikulturchemie, Kleintierzucht, Luftstickstoff, Tierzüchtung; Haustiere, Tierkunde Abt. V.

Landwirtschaftl. Maschinenkunde. B. Prof. Dr. G. Fischer. 2. Aufl. M. Abb. (316.)

Luftfahrt, Die, ihre wissenschaftlichen Grundlagen und ihre technische Entwicklung. Von Dr. R. Rimführ. 3. Aufl. v. Dr. Fr. Huth. M. 60 Abb. (Bd. 300.)

Luftstickstoff, Der, u. s. Verw. B. Prof. Dr. K. Kaiser. M. 13 Abb. (Bd. 313.)

Lüftung, Heizung und L. Von Ingenieur J. E. Mayer. Mit 40 Abb. (Bd. 241.)

Marr, Karl. Versuch einer Einführung. Von Prof. Dr. R. Wilbrandt. (621.)
— f. auch Sozialismus.

Maschinen f. Hebezeuge, Dampfmaschine, Landwirtsch. Maschinenkunde, Wärmekraftmasch., Wasserkraftmasch.

Maschinenelemente. Von Geh.Bergrat Prof. R. Bater. 2. A. M. 175 Abb. (Bd. 301.)

Maße und Messen. Von Dr. W. Block. Mit 34 Abb. (Bd. 385.)

Mechanik. B. Prof. Dr.G. Hamel. 3 Bde. I. Grundbegriffe M. II. M. der festen Körper. III. M. b. flüss. u. luftförm. Körper. (Bd. 684/686.)
— Aufgaben aus der technischen M. f. d. Schul- u. Selbstunterr. V. Prof. R. Schmitt. M. zahlr. Fig. I. Bewegungsl., Statik. 156 Aufg. u. Lösungen. II. Dynam. 140 A. u. Lös. (Bd. 558/559.)

Messen siehe Maße und Messen.

Metalle, Die. Von Prof. Dr. K. Scheid. 3. Aufl. Mit 11 Abb. (Bd. 29.)

Miete, Die, nach d. BGB. Ein Handbüchlein f. Juristen, Mieter u. Vermieter. B. Justizrat Dr. M. Strauß. (194.)

Mikroskop, Das. Gemeinverständlich dargestellt von Prof. Dr. W. Scheffer. 2. Aufl. Mit 99 Abb. (Bd. 35.)

Milch, Die, und ihre Produkte. Von Dr. A. Reit. Mit 16 Abb. (Bd. 362.)

Mittelstandsbewegung, Die moderne. Von Dr. L. Müffelmann. (Bd. 417.)
— siehe Konsumgenoss., Wirtschaftl. Org.

Nahrungsmittel f. Abt. V.

Naturwissensch. u. Technik. Am Jauf. Webstuhl d. Zeit. Übers. üb. d. Wirkgen. d. Entw. b. R. u. T. a. d. ges. Kulturleb. B. Geh. Reg.-Rat Prof. Dr. W. Launhardt. 3. Aufl. Mit 3 Abb. (Bd. 23.)

Nautik. Von Dir. Dr. J. Möller. Mit 58 Abb. (Bd. 255.)

Optischen Instrumente, Die. Lupe, Mikroskop, Fernrohr, photogr. Objektiv u. ihnen verw. Instr. Von Prof. Dr. M. v. Rohr. 3. Aufl. M. 89 Abb. (Bd. 88.)

Organisationen, Die wirtschaftlichen. Von Prof. Dr. E. Lederer. (Bd. 428.)

Ostmark, Die. Eine Einführ. i. d. Probleme ihrer Wirtschaftsgesch. Hrsg. von Prof. Dr. W. Mitscherlich. (Bd. 351.)

Patente u. Patentrecht f. Gewerbl.Rechtsch. Von Prof. Dr. Fr. Ichak. Mit 38 Abb. (Bd. 462.)

Perpetuum mobile, Das. B. Dr. Fr. Ichak. Mit 38 Abb. (Bd. 462.)

Photochemie. Von Prof. Dr. G. Kümmell. 2. Aufl. Mit 23 Abb. i. Text u. auf 1 Tafel. (Bd. 227.)

Photographie, Die, ihre wissenschaftlichen Grundlagen u. i. Anwendung. B. Dr. O. Prelinger. 2. Aufl. Mit Abb. (414.)
— Die künstlerische Ph. B. Dr. W. Warstat. Mit Bilderanh. (2 Tafeln). (410.)
— Angewandte Liebhaber-Photographie, ihre Technik und ihr Arbeitsfeld. Von Dr. W. Warstat. Mit Abb. (Bd. 535.)

Physik in Küche und Haus. Von Prof. Dr. H. Speitkamp. M. 51 Abb. (Bd. 478.)
— siehe auch Physik in Abt. V.

Postwesen, Das. Von Kaiserl. Oberpostrat O. Sieblist. 2. Aufl. (Bd. 182.)

Rechenmaschinen, Die, und das Maschinenrechnen. Von Reg.-Rat Dipl.-Ing. K. Lenz. Mit 43 Abb. (Bd. 490.)

Recht siehe Erbrecht, Gewerbl. Rechtsschutz, Kausm. Angest., Urheberrecht, Verbrechen, Kriminalistik, Verfassungsrecht, Zivilprozeßrecht.

Rechtsprobleme, Moderne. B. Geh. Justizr. Prof.Dr.J. Kohler. 3. Aufl. (Bd. 128.)

Salzlagerstätten, Die deutschen. Ihr Vorkommen, ihre Entstehung und die Verwertung ihrer Produkte in Industrie und Landwirtschaft. Von Dr. E. Riemann. Mit 27 Abb. (Bd. 407.)
— siehe auch Geologie Abt. V.

Schiffbau siehe Kriegsschiffe.

Schmuck., Die, u. d. Schmucksteinindustr. B. Dr. A. Eppler. M. 64 Abb. (Bd.376.)

Soziale Bewegungen und Theorien bis zur modernen Arbeiterbewegung. Von G. Maier. 5. Aufl. (Bd. 2.)
— f.a. Arbeitsschutz u. Arbeitsversicher.

Sozialismus, Gesch. der sozialist. Ideen i. 19. Jrh. B. Privatdoz. Dr. Fr. Mucle. 2.A. I: D. ration.Soz. II: Proudhon u.d. entwicklungsgeschichtl.Soz. (Bd.269.270.)

Jeder Band geheftet M. 1.20 Aus Natur und Geisteswelt Jeder Band gebunden M. 1.50
Verzeichnis der bisher erschienenen Bände innerhalb der Wissenschaften alphabetisch geordnet

Elektrische Kraftübertragung, Die. B. Ing. P. Köhn. Mit 137 Abb. (Bd. 424.)
Elektrochemie. Von Prof. Dr. K. Arndt. Mit 38 Abb. (Bd. 234.)
Elektrotechnik. Grundlagen d. E. B. Obering. A. Rotth. 2. Aufl. M. 74 Abb. (391.)
— s. auch Drähte u. Kabel, Telegraphie.
Erbrecht. Testamentserrichtung und E. Von Prof. Dr. F. Leonhard. (Bd. 429.)
Ernährung u. Nahrungsmittel s. Abt. V.
Farben u. Farbstoffe. J. Erzeug. u. Verwend. B.Dr.A.Bart. 31 Abb. (Bd. 483.)
— siehe auch Licht Abt. V.
Fernsprechtechnik s. Telegraphie.
Feuerungsanlagen, Industr. u. Dampfkessel. B.Ing.J.E.Mayer. 88 Abb. (Bd. 848.)
Finanzwissenschaft. Von Prof. Dr. S. B. Altmann. 2 Bde. 2. Aufl. I. Allg. Teil. II. Besond. Teil. (Bd. 549—550.)
— siehe auch Geldwesen.
Funkentelegraphie siehe Telegraphie.
Fürsorge siehe Kriegsbeschädigtenfürsorge, Kinderfürsorge.
Garten. Der Kleingarten. B. Hauptschriftl. Joh. Schneider. 2. Aufl. Mit Abb. (Bd. 498.)
— Der Hausgarten. Von Gartenarchitekt W. Schubert. Mit Abb. (Bd. 502.)
— siehe auch Blumen.
Gartenkunst. Gesch. d. G. B. Baurat Dr.-Ing. Chr. Ranck. M. 41 Abb. (Bd. 274.)
Gartenstadtbewegung, Die. Von Landeswohnungsinspektor Dr. H. Kampffmeyer. 2. Aufl. M. 43 Abb. (Bd. 259.)
Gefängniswesen s. Verbrechen.
Geldwesen, Zahlungsverkehr u. Vermögensverwalt. Von G. Maier. 2. Aufl. (398.)
— s. a. Finanzwissensch.; Münze Abt. IV.
Genußmittel siehe Arzneimittel und Genußmittel, Tabak.
Geschütze. Von Generalmajor a. D. K. Bahn. (Bd. 365.)
Gewerblicher Rechtsschutz i. Deutschland. B. Patentanw. B. Tolksdorf. (Bd. 138.)
— siehe auch Urheberrecht.
Graphische Darstell., B.Hofrat Prof.Dr. F. Auerbach. M. 100 Abb. (Bd. 437.)
Handel. Geschichte d. Welth. Von Realgymnasialdirektor Dr. M. G. Schmidt. 3. Aufl. (Bd. 118.)
— Geschichte des deutschen Handels. Seit d. Ausgang des Mittelalters. Von Dir. Prof. Dr. B. Langenbeck. 2. Aufl. Mit 16 Tafeln. (Bd. 237.)
Handfeuerwaffen, Die. Entwickl. u. Techn. B. Major M. Weiß. 69 Abb. (Bd. 364.)
Handwerk, D. deutsche, in s. kulturellen Entwicklg. B. Geh. Schulr. Dr. E. Otto. 4. Aufl. M. 33 Abb. auf 12 Taf. (Bd. 14.)
Haushalt s. Chemie, Desinfektion, Garten, Jurisprudenz, Physik; Nahrungsmittel Abt. IV; Batterien Abt. V.
Häuserbau siehe Baukunde, Beleuchtungswesen, Heizung und Lüftung.

Hebezeuge. Hilfsmittel zum Heben fester, flüssiger und gasf. Körper. Von Geh. Bergrat Prof. K. Bater. 2. Aufl. M. 67 Abb. (Bd. 196.)
Heizung und Lüftung. Von Ingenieur J. E. Mayer. Mit 40 Abb. (Bd. 241.)
Holz, Das H., seine Bearbeitung u. seine Verwendg. B. Insp. J. Großmann. Mit 39 Originalabb. i. T. (Bd. 473.)
Hotelwesen, Das. Von B. Damm-Etienne. Mit 30 Abb. (Bd. 331.)
Hüttenwesen siehe Eisenhüttenwesen.
Japaner, Die, i. b. Weltwirtschaft. B. Prof. Dr. K. Rathgen. 2. Aufl. (Bd. 72.)
Immunitätslehre s. Abwehrkräfte Abt. V.
Ingenieurtechnik. Schöpfungen d. J. der Neuzeit. Von Geh. Regierungsrat M. Geitel. Mit 32 Abb. (Bd. 28.)
Instrumente siehe Optische J.
Kabel s. Drähte und K.
Kälte, Die, ihr Wesen, ihre Erzeugung und Verwertung. Von Dr. H. Alt. Mit 45 Abb. (Bd. 311.)
Kaufmann. Das Recht des K. Ein Leitfaden f. Kaufleute, Studier. u. Juristen. B. Justizrat Dr. M. Strauß. (Bd. 409.)
Kaufmännische Angestellte. D. Recht d. k. B. Von Justizrat Dr. M. Strauß. (Bd. 361.)
Kinderfürsorge. Von Prof. Dr. Chr. J. Klumker. (Bd. 620.)
Kinematographie. Von D.H. Lehmann. Mit Abb. 2. Aufl. von B. Mertë. (Bd. 358.)
Klein- u. Straßenbahnen. Die. B. Obering. a. D. Oberlehrer A. Liebmann. Mit 85 Abb. (Bd. 322.)
Kleintierzucht, Die. Von Hauptschriftleiter Joh. Schneider. Mit 59 Fig. i. Text u. auf 6 Tafeln. (Bd. 604.)
— siehe auch Tierzüchtung.
Kohlen, Unsere. B. Bergass. B. Kukuk. Mit 60 Abb. i. Text u. 3 Taf. (Bd. 396.)
Kolonialbotanik. Von Prof. Dr. F. Tobler. Mit 21 Abb. (Bd. 184.)
Kolonisation, Innere. Von A. Brenning. (Bd. 261.)
Konservierung siehe Desinfektion.
Konsumgenossenschaft, Die. Von Prof. Dr. F. Staudinger. (Bd. 222.)
— s. auch Mittelstandsbewegung, Wirtschaftliche Organisationen.
Kraftanlagen siehe Feuerungsanlagen und Dampfkessel, Dampfmaschine, Wärmekraftmaschine, Wasserkraftmaschine.
Kraftübertragung, Die elektrische. Von Ing. B. Köhn. Mit 137 Abb. (Bd. 424.)
Krieg. Kulturgeschichte d. K. B. Prof. Dr. K. Weule, Geh. Hofrat Prof. Dr. E. Bethe, Prof. Dr. B. Schmeidler, Prof. Dr. A. Doren, Prof. D. B. Herre. (Bd. 561.)

Jeder Band geheftet M. 1.20 Aus Natur und Geisteswelt Jeder Band gebunden M. 1.50
Recht, Wirtschaft und Technik

Kriegsbeschädigtenfürsorge. In Verbindung mit Med.-Rat. Oberstabsarzt u. Chefarzt Dr. Rebentisch, Gewerbeschuldir. H. Bach, Direktor des Städt. Arbeitsamts Dr. B. Schlotter herausgeg. von Dr. E. Kraus, Leiter des Städt. Fürsorgeamts für Kriegshinterbliebene in Frankfurt a. M. Mit 2 Abbildungstafeln. (Bd. 523.)

Kriegsschiffe, Unsere. Ihre Entstehung und Verwendung. Von Geh. Marinebaurat a. D. E. Krieger. 2. Aufl. von Marinebaurat Fr. Schürer. Mit 62 Abbildungen. (Bd. 389.)

Kriminalistik, Moderne. Von Amtsrichter Dr. A. Hellwig. M. 18 Abb. (Bd. 476.)
— f. a. Verbrechen, Verbrecher.

Küche siehe Chemie in Küche und Haus.

Landwirtschaft, Die. V. Dr. W. Claaßen. 2. Aufl. M. 15 Abb. u. 1 Karte. (215.)
— f. auch Agrikulturchemie, Kleintierzucht, Luftstickstoff, Tierzüchtung; Haustiere, Tierkunde Abt. V.

Landwirtschaftl. Maschinenkunde. V. Prof. Dr. G. Fischer. 2. Aufl. M. 70 Abb. (316.)

Luftfahrt, Die, ihre wissenschaftlichen Grundlagen und ihre technische Entwicklung. Von Dr. R. Rimführ. 3. Aufl. v. Dr. Fr. Huth. M. 60 Abb. (Bd. 300.)

Luftstickstoff, Der, u. f. Verw. V. Prof. Dr. K. Kaiser. M. 13 Abb. (Bd. 313.)

Lüftung, Heizung und L. Von Ingenieur J. E. Mayer. Mit 40 Abb. (Bd. 241.)

Marx, Karl. Versuch einer Einführung. Von Prof. Dr. R. Wilbrandt. (621.)
— f. auch Sozialismus.

Maschinen f. Hebezeuge, Dampfmaschine, Landwirtsch. Maschinenkunde, Wärmekraftmasch., Wasserkraftmasch.

Maschinenelemente. Von Geh. Bergrat Prof. R. Bater. 2. A. M. 175 Abb. (Bd. 301.)

Maße und Messen. Von Dr. W. Block. Mit 34 Abb. (Bd. 385.)

Mechanik. V. Prof. Dr. G. Hamel. 3 Bde. I. Grundbegriffe d. M. II. M. der festen Körper. III. M. d. flüff. u. luftförm. Körper. (Bd. 684/686.)
— Aufgaben aus der technischen M. f. d. Schul- u. Selbstunterr. V. Prof. R. Schmitt. M. zahlr. Fig. I. Bewegungsl., Statik. 156 Aufg. u. Lösungen. II. Dynam. 140 A. u. Löf. (Bd. 558/559.)

Messen siehe Maße und Messen.

Metalle, Die. Von Prof. Dr. K. Scheid. 3. Aufl. Mit 11 Abb. (Bd. 29.)

Miete, Die, nach d. BGB. Ein Handbüchlein f. Juristen, Mieter u. Vermieter. V. Justizrat Dr. M. Strauß. (194.)

Mikroskop, Das. Gemeinverständlich dargestellt von Prof. Dr. W. Scheffer. 2. Aufl. Mit 99 Abb. (Bd. 35.)

Milch, Die, und ihre Produkte. Von Dr. A. Reitz. Mit 16 Abb. (Bd. 362.)

Mittelstandsbewegung, Die moderne. Von Dr. L. Müffelmann. (Bd. 417.)
— siehe Konsumgenoff., Wirtschaftl. Org.

Nahrungsmittel f. Abt. V.

Naturwissensch. u. Technik. Am sauf. Webstuhl d. Zeit. übersf. üb. d. Wirkgen. d. Entw. b. R. u. L. a. b. gef. Kulturleb. B. Geh. Reg.-Rat Prof. Dr. W. Launhardt. 3. Aufl. Mit 3 Abb. (Bd. 23.)

Nautik. Von Dir. W. J. Möller. 58 Abb. (Bd. 255.)

Optischen Instrumente, Die. Lupe, Mikroskop, Fernrohr, photogr. Objektiv u. ihnen verw. Instr. Von Prof. Dr. M. v. Rohr. 3. Aufl. M. 89 Abb. (Bd. 88.)

Organisationen, Die wirtschaftlichen. Von Prof. Dr. E. Lederer. (Bd. 428.)

Ostmark, Die. Eine Einführ. i. d. Probleme ihrer Wirtschaftsgesch. Hrsg. von Prof. Dr. W. Mitscherlich. (Bd. 351.)

Patente u. Patentrecht f. Gewerbl. Rechtsch.

Perpetuum mobile, Das. V. Dr. Fr. Ischak. Mit 38 Abb. (Bd. 462.)

Photochemie. Von Prof. Dr. V. Kümmell. 2. Aufl. Mit 23 Abb. i. Text u. auf 1 Tafel. (Bd. 227.)

Photographie, Die, ihre wissenschaftlichen Grundlagen u. i. Anwendung. V. Dr. H. Brelinger. 2. Aufl. Mit 89 Abb. (414.)
— Die künstlerische Ph. V. Dr. W. Warstat. Mit Bilderanh. (2 Tafeln). (410.)
— Angewandte Liebhaber-Photographie, ihre Technik und ihr Arbeitsfeld. Von Dr. W. Warstat. Mit Abb. (Bd. 535.)

Physik in Küche und Haus. Von Prof. Dr. H. Speitkamp. M. 51 Abb. (Bd. 478.)
— siehe auch Physik in Abt. V.

Postwesen, Das. Von Kaiserl. Oberpostrat O. Sieblist. 2. Aufl. (Bd. 182.)

Rechenmaschinen, Die, und das Maschinenrechnen. Von Reg.-Rat Dipl.-Ing. K. Lenz. Mit 43 Abb. (Bd. 490.)

Recht siehe Erbrecht, Gewerbl. Rechtsch., Kaufm. Angest., Urheberrecht, Verbrechen, Kriminalistik, Verfassungsrecht, Zivilprozeßrecht.

Rechtsprobleme, Moderne. V. Geh. Justizr. Prof. Dr. J. Kohler. 3. Aufl. (Bd. 128.)

Salzlagerstätten, Die deutschen. Ihr Vorkommen, ihre Entstehung und die Verwertung ihrer Produkte in Industrie und Landwirtschaft. Von Dr. E. Riemann. Mit 27 Abb. (Bd. 407.)
— siehe auch Geologie Abt. V.

Schiffbau siehe Kriegsschiffe.

Schmuck, Die, u. d. Schmucksteinindustr. Von Dr. A. Eppler. M. 64 Abb. (Bd. 376.)

Soziale Bewegungen und Theorien bis zur modernen Arbeiterbewegung. Von G. Maier. 5. Aufl. (Bd. 2.)
— f. a. Arbeiterschutz u. Arbeiterversicher.

Sozialismus, Gesch. der sozialist. Ideen i. 19. Jrh. V. Privatdoz. Dr. Fr. Muckle. 2. A. I: D. ration. Soz. II: Proudhon u. b. entwicklungsgeschichtl. Soz. (Bd. 269. 270.)

15

Jeder Band geheftet M. 1.20 Aus Natur und Geisteswelt Jeder Band gebunden M. 1.50
Verzeichnis der bisher erschienenen Bände innerhalb der Wissenschaften alphabetisch geordnet

Sozialismus siehe auch Marx; Rom, Soziale Kämpfe im alten Rom. Abt. IV.
Spinnerei, Die. Von Dir. Prof. M. Lehmann. Mit 35 Abb. (Bd. 338.)
Sprengstoffe, Die, ihre Chemie u. Technologie. V. Geh. Reg.-Rat Prof. Dr. R. Biedermann. 2. Aufl. M. 12 Fig. (286.)
Staat siehe Abt. IV.
Statik. Mit Einschluß der Festigkeitslehre. Von Reg.-Baum. Baugewerkschuldirekt. A. Schau. M. 149 Fig. i. T (Bd. 497.)
— siehe auch Mechanik, Anfg. a. b. M. I.
Statistik. V. Prof. Dr. S. Schott. (442.)
Strafe und Verbrechen. Geschichte u. Organis. d. Gefängniswes. V. Strafanstalts-Dir. Dr. med. V. Pollitz. (Bd. 323.)
Straßenbahnen, Die. Klein- u. Straßenb. Von Oberingenieur a. D. Oberlehrer A. Liebmann. M. 82 Abb. (Bd. 322.)
Tabak, Der. Anbau, Handel u. Verarbeit. V. Jac. Wolf. M. 17 Abb. (Bd. 416.)
Technik, Die chemische. Von Dr. A. Müller. Mit 24 Abb. (Bd. 191.)
Telegraphie. Das Telegraphen- u. Fernsprechwesen. Von Kaiserl. Oberpostrat L. Sieblist. 2. Aufl. (Bd. 183.)
— **Telegraphen- und Fernsprechtechnik in ihrer Entwicklung.** V. Oberregr.-Insp. H. Brick. 2. A. Mit 65 Abb. (Bd. 235.)
— **Die Funkentelegr.** V. Telegr.-Insp. H. Thurn. 4. Aufl. M. 51 Abb. (Bd. 167.)
— siehe auch Drähte und Kabel.
Testamentserrichtung und Erbrecht. Von Prof. Dr. F. Leonhard. (Bd. 429.)
Thermodynamik, Praktische. Aufgaben u. Beispiele zur mechanischen Wärmelehre. Von Geh. Bergrat Prof. Dr. R. Vater. Mit 40 Abb. i. Text u. 3 Taf. (Bd. 596.)
— siehe auch Wärmelehre.
Tierzüchtung. Von Tierzuchtdirektor Dr. G. Wilsdorf. Mit 40 Abb. im Text und 12 Taf. 2. Aufl. (Bd. 369.)
— siehe auch Kleintierzucht.
Uhr, Die. Grundlagen u. Technik d. Zeitmeß. v. Prof. Dr.-Ing. H. Bock. 2., umgearb. Aufl. Mit 55 Abb. i. T. (216.)
Urheberrecht. Das Recht an Schrift- und Kunstwerken. Von Rechtsanw. Dr. E. Mothes. (Bd. 435.)
— siehe auch gewerblich. Rechtsschutz.
Verbrechen, Strafe und V. Geschichte u. Organisation d. Gefängniswesens. V. Strafanst.-Dir. Dr. med. V. Pollitz. (Bd. 323.)
— **Moderne Kriminalistik.** V. Amtsrichter Dr. A. Hellwig. M. 18 Abb. (Bd. 476.)
Verbrecher, Die. Psychologie des V. (Kriminalpsych.) V. Strafanstaltsdir. Dr. med. V. Pollitz. 2. A. M. 5 Diagr. (Bd. 248.)
— s. a. Handschriftenbeurt. Abt. I.
Verfassg. Grundz. d. V. d. Deutsch. Reiches. V. Geheimrat Prof. Dr. E. Loening. 4. Aufl. (Bd. 34.)

Verfassg. und Verwaltung der deutschen Städte. Von Dr. M. Schmid. (466.)
— **Deutsch. Verfassgsr. i. geschichtl. Entwickl.** V. Pr. Dr. E. Hubrich. 2. A. (Bd. 80.)
Verkehrsentwicklung i. Deutschl. 1800 bis 1900 (fortges. b. z. Gegenwart). Vorträge über Deutschlands Eisenbahnen u. Binnenwasserstraßen und ihre Entwicklung und Verwaltung wie ihre Bedeutung f. d. heutige Volkswirtschaft. Von Prof. Dr. V. Loß. 4. Aufl. (Bd. 15.)
Versicherungswesen. Grundzüge des V. (Privatversicher.). V. Prof. Dr. phil. et jur. A. Manes. 3. Aufl. (Bd. 105.)
Waffentechnik siehe Handfeuerwaffen.
Wald, Der deutsche. V. Prof. Dr. Hausrath. 2. Aufl. Bilderanh. u. Kart. (Bd. 153.)
Wärmekraftmaschinen, Die neueren. Von Geh. Bergrat Prof. R. Vater. 2 Bde.
I: (Einführung in die Theorie u. d. Bau d. Gasmasch. 5. Aufl. M. 42 Abb. (Bd. 21.)
II: Gaserzeuger. Großgasmasch., Dampfu. Gasturb. 4. Aufl. M. 43 Abb. (Bd. 86.)
— siehe auch Kraftanlagen.
Wärmelehre, Einführ. i. d. techn. (Thermodynamik). Von Geh. Bergrat Prof. R. Vater. M. 40 Abb. i. Text. (Bd. 516.)
— s. auch Thermodynamik.
Wasser, Das. Von Geh. Reg.-Rat Dr. O. Anselmino. Mit 44 Abb. (Bd. 291.)
— s. a. Luft. Wasf. Licht. Wärme Abt. V.
Wasserkraftmaschinen, ihre u. b. Ausnützg. d. Wasserkräfte. B. Kais. Geh. Reg.-Rat E. v. Ihering. 2. A. M. 57 Abb. (Bd. 228.)
Weidwerk, Das deutsche. V. Forstmeist. G. Frhr. v. Nordenflycht. M. Titelbild. (Bd. 436.)
Weinbau und Weinbereitung. Von Dr. F. Schmitthenner. 34 Abb. (Bd. 332.)
Welthandel siehe Handel.
Wirtschaftsgeographie Von Prof. Dr. F. Heiderich. (Bd. 633.)
Wirtschaftsgesch. s. Antike W., Ostmark.
Wirtschaftsleben, Deutsch. Auf geograph. Grundl. gesch. b. Prof. Dr. Chr. Gruber. 3. A. v. Dr. H. Reinlein. (42.)
— **Die Entwicklung des deutschen Wirtschaftslebens i. letzten Jahrh. V.** Reg.-Rat Prof. Dr. L. Pohle. 3. A. (57.)
— **Deutschl. Stellung i. d. Weltwirtsch.** V. Prof. Dr. P. Arndt. 2. A. (Bd. 179.)
— **Die Japaner in d. Weltwirtschaft.** V. Prof. Dr. K. Rathgen. 2. A. (Bd. 72.)
Wirtschaftlichen Organisationen, Die. Von Prof. Dr. E. Lederer. (Bd. 428.)
— s. Konsumgenoss., Mittelstandsbeweg.
Zeichnen, Techn. Von Dr. H. Harstmann. (Bd. 548.)
Zeitungswesen. V. Dr. H. Diez. (Bd. 328.)
Zivilprozeßrecht, Das deutsche. Von Justizrat Dr. M. Strauß. (Bd. 315.)

═══════ **Weitere Bände sind in Vorbereitung.** ═══════

Druck von B. G. Teubner in Dresden

DIE KULTUR DER GEGENWART
IHRE ENTWICKLUNG UND IHRE ZIELE
HERAUSGEGEBEN VON PROF. PAUL HINNEBERG
VERLAG VON B. G. TEUBNER IN LEIPZIG UND BERLIN

III. Teil. Die mathematischen, naturwissenschaftlichen und medizinischen Kulturgebiete. [19 Bände.]

(* erschienen, † unter der Presse.) In Halbfranz geb. jeder Band 6 Mark mehr.

*I. Abt. Die math. Wissenschaften. (1 Bd.)
Abteilungsleiter u. Bandredakteur: E. Klein.
Bearb. v. P. Stäckel, H. E. Timerding, A. Voß,
H. G. Zeuthen. 5 Lfgn. *I. Lfg. (Zeuthen) geh.
M. 3.— *II. Lfg. (Voß u. Timerding). geh. M. 6.—
*III. Lfg. (Voß) geh. M 5.—

II. Abt. Die Vorgeschichte der mod. Naturwissenschaften u. d. Medizin. (1 Bd.)
Bandredakteure: J. Ilberg u. K. Sudhoff.

III. Abt. Anorg. Naturwissenschaften.
Abteilungsleiter: E. Lecher.
*Bd. 1. Physik. Bandredakteur: E. Warburg.
Bearb. v. F. Auerbach, F. Braun, E. Dorn,
A. Einstein, J. Elster, F. Exner, R. Gans, E.
Gehrcke, H. Geitel, E. Gumlich, F. Hasenöhrl,
F. Henning, L. Holborn, W. Jäger, W. Kaufmann, E. Lecher, H. A. Lorentz, O. Lummer,
St. Meyer, M. Planck, O. Reichenheim, F. Richarz, H. Rubens, E. v. Schweidler, H. Starke,
W. Voigt, E. Warburg, E. Wiechert, M. Wien,
W. Wien, O. Wiener, P. Zeeman. M. 22.-, M. 24.-
*Bd. 2. Chemie. Bandredakteur: †E. v. Meyer.
Allgem. Kristallographie u. Mineralogie.
Bandredakteur: Fr. Rinne. Bearb. v. K. Engler,
H. Immendorf, †O. Kellner, A. Kossel, M. Le
Blanc, R. Luther, †E. v. Meyer, W. Nernst, Fr.
Rinne, O. Wallach, †O. N. Witt, L. Wöhler. Mit
Abb. M. 18.—, M. 20.—
†Bd. 3. Astronomie. Bandred.: J. Hartmann.
Bearb. von L. Ambronn, F. Boll, A. v. Flotow,
F. K. Ginzel, K. Graff, J. Hartmann, J. v. Hepperger, H. Kobold, S. Oppenheim, E. Pringsheim, †F. W. Ristenpart.
Bd. 4. Geonomie. Bandredakteure: †I. B.
Messerschmitt u. H. Benndorf.
Bd. 5. Geologie (einschl. Petrographie).
Bandredakteur: A. Rothpletz.
Bd. 6. Physiogeographie. Bandredakteur:
E. Brückner. 1. Hälfte: Allg. Physiogeographie.
2. Hälfte: Spez. Physiogeographie.

IV. Abt. Organ. Naturwissenschaften.
Abteilungsleiter: R. v. Wettstein.
*Bd. 1. Allgemeine Biologie. Bandredakteure:
†C. Chun u. W. Johannsen, u. Mitw. v. A. Günthart. Bearbeitet v. E. Baur, P. Boysen-Jensen,

P. Claußen, A. Fischel, E. Godlewski, M. Hartmann, W. Johannsen, E. Laqueur, †B. Lidforß,
W. Ostwald, O. Porsch, H. Przibram, E. Rádl,
O. Rosenberg, W. Roux, W. Schleip, G. Senn,
H. Spemann, O. zur Strassen. M. 21.—, M. 23.—
*Bd. 2. Zellen- und Gewebelehre, Morphologie und Entwicklungsgeschichte. 1. Botan. Teil. Bandredakteur: †E. Strasburger.
Bearb. v. W. Benecke u. †E. Strasburger. Mit
Abb. M. 10.—, M. 12.— 2. Zoologischer Teil.
Bandredakteur: O. Hertwig. Bearb. v. E. Gaupp,
K. Heider, O. Hertwig, R. Hertwig, F. Keibel,
H. Poll. M. 16.—, M. 18.—
Bd. 3. Physiologie u. Ökologie. *1. Bot. T.
Bandred.: G. Haberlandt. Bearb. von E. Baur,
Fr. Czapek, H. v. Guttenberg. M. 11.—, M. 13.—
2. Zoologischer Teil. Bandredakteur und
Mitarbeiter noch unbestimmt.
*Bd. 4. Abstammungslehre, Systematik,
Paläontologie, Biogeographie. Bandredakteure: R. Hertwig u. R. v. Wettstein. Bearb. v.
O. Abel, I. E. V. Boas, A. Brauer, A. Engler,
K. Heider, R. Hertwig, W. J. Jongmans, L. Plate,
R. v. Wettstein. M. 20.—, M. 22.—
†V. Abt. Anthropologie. (1 Bd.)
Bandred.: †G. Schwalbe. Bearb. v. E. Fischer,
R. F. Graebner, H. Hoernes, Th. Mollison,
A. Ploetz, †G. Schwalbe. ca. M. 22.—, M. 24.-
VI. Abt. Die medizin. Wissenschaften.
Abteilungsleiter: Fr. v. Müller.
Bd. 1. Die Geschichte der mod. Medizin.
Bandred.: K. Sudhoff. Die Lehre von den
Krankheiten. Bandred.: W. His.
Bd. 2. Die medizinischen Spezialfächer.
Bandred.: Fr. v. Müller.
Bd. 3. Beziehungen der Medizin z. Volkswohl. Bandredakteur: M. v. Gruber.
VII. Abt. Naturphilosoph. u. Psychol.
*Bd. 1. Naturphilosophie. Bandredakteur:
C. Stumpf. Bearb. v. E. Becher. M. 14.—, M. 16.—
Bd. 2. Psychologie. Bandredakteur und
Mitarbeiter noch unbestimmt.
VIII. Abt. Organisation der Forschung
und des Unterrichts. (1 Bd.)
Bandredakteur: A. Gutzmer.

IV. Teil. Die technischen Kulturgebiete. [15 Bände.]
Abteilungsleiter: W. v. Dyck und O. Kammerer.
Bisher erschienen:
Technik des Kriegswesens. Bandredakteur M. Schwarte. Bearb. v. K. Becker, O. v. Eberhard, L. Glatzel, A. Kersting, O. Kretschmer, O. Poppenberg, J. Schroeter, M. Schwarte,
W. Schwinning. Geheftet M. 24.—, gebunden M. 26.—. [Band 12.]
Teuerungszuschläge auf sämtliche Preise 30% einschließlich 10% Zuschlag der Buchhandlung

Probeheft mit Inhaltsübersicht des Gesamtwerkes, Probeabschnitten, Inhaltsverzeichnissen und Besprechungen umsonst und postfrei durch B. G. Teubner, Leipzig, Poststr. 3

Tierbau und Tierleben
in ihrem Zusammenhang betrachtet
von
Dr. Richard Hesse und **Dr. Franz Doflein**
Professor der Zoologie an der Landwirt- / Professor der Zoologie an der Universität
schaftlichen Hochschule zu Berlin / Freiburg i. Br.

Mit über 1200 Abbild. sowie 40 Tafeln in Schwarz- u. Buntdruck nach Originalen bekannter Künstler

1. Band: **Das Tier als selbständiger Organismus**
2. Band: **Das Tier als Glied des Naturganzen**

Jeder Band in künstl. Original-Ganzleinenband M. 21,—, in eleg. Halbfranzband M. 24,—

„Es ist ein fundamentales Werk, das dem Fachmann als Wegweiser und Fundgrube, dem Laien als wünschenswerte Ergänzung zu seinem großen oder kleinen Brehm dienen wird. Wissenschaftlich ganz auf der Höhe der Zeit stehend, spricht es eine so klare Sprache und berührt so fesselnde Fragen der Tierforschung, daß es für jeden Wert und Gültigkeit hat, der sich mit Zoologie beschäftigt." (Propyläen.)

Mathemat.-Physikalische Bibliothek
Gemeinverständliche Darstellungen aus der Elementarmathematik und -physik für Schule und Leben. Unter Mitwirkung von Fachgenossen herausgegeben von Dir. Dr. W. Lietzmann und Studienrat Dr. A. Witting.

Mit zahlreichen Figuren. Kl. 8. Kart. je M. 1.—

Bisher erschienene Bändchen:

Ziffern u. Ziffernsysteme. I. D. Zahlenzeichen d. alt. Kulturvölker. V. E. Löffler. 2. A. Bd. 1.

Der Begriff d. Zahl in seiner log. u. histor. Entwickl. Von H. Wieleitner. 2. A. Bd. 2.

Der pythagoreische Lehrsatz mit einem Ausblick auf das Fermatsche Problem. Von W. Lietzmann. 2. Auflage . . . . Bd. 3.

Wahrscheinlichkeitsrechnung nebst Anwendungen. Von O. Meißner . . . Bd. 4.

Die Fallgesetze, ihre Geschichte u. ihre Bedeutung. Von H. E. Timerding. Bd. 5.

Einführung in die projektive Geometrie. Von M. Zacharias . . . . Bd. 6.

Die 7 Rechnungsarten mit allgemeinen Zahlen. Von H. Wieleitner. Bd. 7.

Theorie der Planetenbewegung. Von P. Meth . . . . Bd. 8.

Einführung in die Infinitesimalrechnung. Von A. Witting. 2. Aufl. . . . Bd. 9.

Wo steckt der Fehler? Von W. Lietzmann und V. Trier. 2. Auflage . . Bd. 10.

Konstruktionen in begrenzter Ebene. Von P. Zühlke . . . . Bd. 11.

Quadratur d. Kreises. V. E. Beutel. Bd. 12.

Geheimnisse der Rechenkünstler. Von Ph. Maennchen. 2. Aufl. . . . Bd. 13.

Darstellende Geometrie des Geländes. Von R. Rothe . . . . Bd. 14.

Beispiele z. Geschichte d. Mathematik. Von A. Witting u. M. Gebhardt. Bd. 15.

Anfertigung mathematischer Modelle. Von K. Giebel . . . . Bd. 16.

Dreht sich die Erde? V. W. Brunner. Bd. 17.

Mathematiker-Anekdoten. Von Wilhelm Ahrens . . . . Bd. 18.

Vom periodischen Dezimalbruch zur Zahlentheorie. Von A. Leman . . Bd. 19.

Mathematik und Malerei. 2 Bde. in 1 Bd. Von G. Wolff . . . . Bd. 20. 21.

Soldaten-Mathematik. Von Alexander Witting . . . . Bd. 22.

Theorie und Praxis des Rechenschiebers. Von A. Rohrberg . . . . . . Bd. 23.

Die mathem. Grundlagen der Variations- u. Vererbungslehre. V. P. Riebesell. Bd. 24.

Riesen und Zwerge im Zahlenreich. Von W. Lietzmann. 2. Aufl. . . Bd. 25.

Methoden zur Lösung geometrischer Aufgaben. Von B. Kerst . . . . . Bd. 26.

Karte und Kroki. Von H. Wolff. Bd. 27.

Einführung in die Nomographie. I. Die Funktionsleiter. Von P. Luckey. Bd. 28.

Die Grundlagen unserer Zeitrechnung. Von A. Baruch . . . . Bd. 29.

Was ist Geld? V. W. Lietzmann. Bd. 30.

Nichteuklidische Geometrie in der Kugelebene. Von W. Dieck . . . Bd. 31.

Der Goldene Schnitt. Von H. E. Timerding . . . . Bd. 32.

In Vorber.: Doehlemann, Mathematik u. Architektur. Pfeiffer, Photogrammetrie. Luckey, Einführung in die Nomographie. II. Die Zeichnung als Rechenmaschine. Müller, Der Gegenstand d. Mathematik.

Teuerungszuschläge auf sämtliche Preise 30% einschließl. 10% Zuschlag der Buchhandlung

Verlag von B. G. Teubner in Leipzig und Berlin

Teubners Künstlersteinzeichnungen

Wohlfeile farbige Originalwerke erster deutscher Künstler fürs deutsche Haus
Die Sammlung enthält jetzt über 200 Bilder in den Größen 100×70 cm (M. 7.50), 75×55 cm
(M. 5.—), 103×41 cm u. 60×50 cm (M. 5.—), 55×42 cm (M. 4.50), 41×30 cm (M. 3.—)
Rahmen aus eigener Werkstätte in den Bildern angepaßten Ausführungen äußerst preiswürdig.

K. W. Diefenbachs Schattenbilder

„Per aspera ad astra" „Göttliche Jugend"

Album, die 34 Teilb. des vollst. Wandfrieses 2 Mappen, I. 2. Aufl., mit je 20 Blatt
fortl. wiederg. (20½×25 cm) M. 15.— (25½×34 cm) . . . . je M. 8.—
Teilbilder als Wandfriese (42×60 cm) Einzelbilder . . . . je M. —.75
je M. 5.—, (35×18 cm) . je M. 1.25 unter Glas u. Leinwandeinf. je M. 3.—
letztere u. Glas m. Leinwd.-Einf. je M. 4.—

Karl Bauers Federzeichnungen

Führer und Helden im Weltkrieg. Einzelne Blätter (28×36 cm) M. —.75,
Liebhaberausgabe M. 1.25, 2 Mappen, enthaltend je 12 Blätter, je . . M. 9.—
Charakterköpfe z. deutschen Geschichte. Mappe, 32 Bl. (28×36 cm) M. 6.85,
12 Bl. M. 2.50, Einzelblätter M. —.85. Liebhaberausgabe auf Karton geklebt M. 1.25
Aus Deutschlands großer Zeit 1813. In Mappe, 16 Bl. (28×36 cm) M. 4.50,
Einzelblätter M. —.85. Liebhaberausgabe auf Karton geklebt . . . . M. 1.25
Rahmen zu den Blättern passend von M. 4.— bis M. 7.—

Scherenschnitte von Rolf Winkler

1. Reihe: „Aus der Kriegszeit". 6 Blätter, Scherenschnitte des Künstlers wiedergebend.
1. Abschied des Landwehrmannes. 2. Auf der Wacht. 3. In Feuerstellung. 4. Skipatrouille.
5. Treue Kameraden. 6. Am Grabe des Kameraden.
Auf Kart. m. verschiedenfarb. Tonunterdruck: Einz. M. 1.25, 6 Bl. in Mappe M. 5.—
Unter Glas in Leinwand-Einfassung: M. 4.—. In Mahagonirähmchen: M. 7.—

Deutsche Kriegsscheiben

Scheibenbilder erster Münchener Künstler wie v. Defregger, J. Diez, E. Grühner,
H. v. Habermann, Th. Th. Heine, A. Jank, v. Zügel u. a. Sie bringen köstlich
humorvolle, zumeist auf den Krieg bezügliche Darstellungen, wie den groß-
mäuligen Engländer, die Entente, „Russen-Invasion", U 21 auf der Jagd, u. a. und sind
zur Schießausbildung und als Zimmerschmuck gleich geeignet und wertvoll.
Preis je ca. M. 1.50. Auf Pappe mit grünem Kranz je ca. M. 1.80. Auf Holz
mit grünem Kranz je ca. M. 5.50. — Bei größeren Bezügen ermäßigen sich die Preise.
Als 12er Scheibchen (Platten) Stück 15 Pf., 12 Stück M. 1.—

Postkartenausgaben

Jede Karte 15 Pf., Reihe von 12 Karten in Umschlag M. 1.50, jede Karte unter Glas
mit schwarzer Einfassung und Schnur M. 1.—
Teubners Künstlersteinzeichnungen in 11 Reihen (davon 50 versch. Motive auch u. Glas in
ovalem Rahmen je M. 2.—, in eckigem Holzrähmch. je M. 2.25). Bauers Führer u. Helden in
2 Reihen. Winklers Scherenschnitte, 6 Kart. in Umschl. M. —.80. Kriegsscheiben-Karten
in 2 Reihen (diese nicht mit Einfass. täuschl.). Denkwürdige Stätten aus Nordfrankreich,
12 Karten nach Orig.-Lithograph. von K. Lohse. Diefenbachs Schattenbilder in 6 Reihen
(diese auch in viereckigen oder ovalen Holzrähmchen zu je M. 2.25 bezw. M. 2.50). Aus dem
Kinderleben, 6 Karten nach Bleistiftzeichn. von Hela Peters. 1. Der gute Bruder.
2. Der böse Bruder. 3. Wo drückt der Schuh? 4. Schmeichelkätzchen. 5. Püppchen, aufgepaßt!
6. Große Wäsche. Im Umschl. M. —.80. Schattenrißkarten von Geb. Luise Schmidt:
1. Reihe: Spiel u. Tanz, Fest im Garten. *Blumenorakel. Die kleine Schäferin. Belauschter Dichter.
Rattenfänger von Hameln. *D
*Am Spinett, *Beim We
*Diese Schattenrißkar
20×15 cm je M. —.50
Vollst. Kat. ü. künstler.
(Ausl. 85 Pf.) Ausf. Be

Verlag von T

MIX
Papier aus verantwortungsvollen Quellen
Paper from responsible sources
FSC® C105338

If you have any concerns about our products,
you can contact us on
ProductSafety@springernature.com

In case Publisher is established outside the EU,
the EU authorized representative is:
**Springer Nature Customer Service Center GmbH
Europaplatz 3, 69115 Heidelberg, Germany**

Printed by Libri Plureos GmbH
in Hamburg, Germany